国家自然科学基金面上项目(编号: 51774048)
国家自然科学基金青年科学基金项目(编号: 51504029)
北京市优秀人才培养资助青年拔尖个人项目(编号: 2017000021223ZK04)

纤维加筋水泥土固结强化机理

Consolidation Strengthening Mechanism of Fiber Reinforced Cement-Soil

吕祥锋　著

科学出版社

北　京

内 容 简 介

本书总结了作者在新型纤维加筋水泥土补强理论、方法和机理方面的研究成果，并结合国内外相关方面的研究成果，对不同纤维加筋水泥土固结强化过程、规律及机理进行较系统和全面的论述。书中详细介绍了纤维加筋水泥土固化补强的发展水平，分析了国内外目前在纤维加筋水泥土理论、方法和机理方面存在的主要问题，研究了不同组分纤维、纤维含量和细长比对纤维加筋水泥土固结强度的影响规律，揭示了纤维加筋水泥土固结强化机理。研究成果为地下病害原位快速加固提供了新材料、新方法。

本书可供土木建筑工程、岩土工程、地下工程等领域从事科研、设计、施工人员阅读，也可供高等院校相关专业的师生参考。

图书在版编目（CIP）数据

纤维加筋水泥土固结强化机理=Consolidation Strengthening Mechanism of Fiber Reinforced Cement-Soil / 吕祥锋著. —北京：科学出版社，2019.4

ISBN 978-7-03-060701-0

Ⅰ. ①纤⋯　Ⅱ. ①吕⋯　Ⅲ. ①加筋土-水泥土-固结（土力学）　Ⅳ. ①TU411.5

中国版本图书馆CIP数据核字（2019）第039566号

责任编辑：李　雪 / 责任校对：王萌萌
责任印制：吴兆东 / 封面设计：无极书装

科学出版社 出版
北京东黄城根北街 16 号
邮政编码：100717
http://www.sciencep.com

北京厚诚则铭印刷科技有限公司 印刷
科学出版社发行　各地新华书店经销

*

2019 年 4 月第　一　版　开本：720×1000　1/16
2019 年 4 月第一次印刷　印张：8 3/4
字数：203 000

定价：98.00 元

（如有印装质量问题，我社负责调换）

前　言

近年来，城市地下空间工程发展迅速，地下工程建造和运营过程中地层病害发生严重，影响交通通行和人民生命安全。对地层病害预处治是防治地层塌陷、塌孔、沉降的有效途径，然而，固结强化纤维加筋土材料研究成为地层病害预处治的关键难题，已引起了岩土工程相关科研人员和技术人员的广泛关注。纤维加筋水泥土作为一种新型的加固土体，与传统加固材料相比，因其良好的抗拉、抗压等力学性能，受到国内外广泛关注，众多学者也对其进行了多方面、多层次的研究，然而对其理论研究还不够深入、成熟，存在诸多需要讨论的问题。纤维材料虽价格低廉，但其难降解的性质对环境的影响值得众多学者警惕；另外纤维加筋水泥土固结强化过程中的微观形变特征及催化基质晶格移动规律缺乏具有充分理论支撑的明确认识；对于纤维加筋水泥土强度变化的微观原理及其应力-应变关系特征的研究，特别是对土体本构模型的确立还缺乏较统一的计算模型，同时对于纤维加筋水泥土的残余强度及细观形变受纤维的含量、物理尺寸及性状影响规律缺乏有力的试验及研究成果。总之纤维加筋水泥土作为非均质体，其强度、韧性、刚度受纤维的含量、组分等众多因素影响，多因素影响下的微观机理、宏观表现成为现在研究的重点、热点问题。

笔者长期从事地下空间工程灾害发生理论及动态控制技术相关工作。依托国家自然科学基金面上项目、国家自然科学基金青年科学基金项目和北京市优秀人才培养资助青年拔尖个人项目，系统研究不同纤维加筋水泥土固结强化过程、规律及作用机理，结合前人研究，采用宏观-细观-微观多尺度实验相结合的方法，对五种纤维(棉麻纤维、锦纶纤维、玄武岩纤维、涤纶纤维和丙纶纤维)的物理-化学-力学性质差异进行实验研究，同时获取差异性纤维微观形貌特征与界面特征，并进行对比；对不同种类的纤维加筋水泥土固化机理特征和力学性能改善效果进行对比分析，从而得到强度增长机理。为城市地下空间工程灾害快速修复提供了新材料和新方法。本书的出版得到了北京服装学院龚龑副教授的指导，部分研究内容得到课题组和实验室各位同事的大力支持帮助。在研究过程中，得到了北京市市政工程研究院周宏源硕士研究生、张硕硕士研究生和杨晓辉硕士研究生的帮助。在此，对他们表示诚挚的感谢。

书中不妥之处，敬请读者批评指正。

吕祥锋

2019 年 1 月

目　录

第1章 纤维加筋水泥土强度研究现状

1.1 纤维加筋土国内外研究现状

1966 年，Vidal[1]提出在土体中加入加筋材料，依靠土体和加筋材料之间的摩擦阻力，当土体受到竖直方向作用力时，摩擦阻力能很好地限制土体的侧向变形，土体的有效围压显著增强，改善了土体的抗剪强度。自此，加筋土作为一种新型高强抗剪复合土工材料，在建筑材料研究领域掀起热潮，并迅速应用于公路、铁路、边坡及大坝等工程领域之中。对于加筋土的研究，除探究加筋土结构的基本性状、完善计算理论外，针对拓宽填料、加筋材料的应用范围和方式，许多国家的研究者也做了大量的研究。

Gray 和 Ohashi[2]通过对含有不同纤维材料的砂土进行直接剪切试验，研究纤维角度的不同对应力、应变的影响。Temel 和 Omer[3]分析了随机分散的纤维加筋砂土的剪切强度特性。Park 和 Tan[4]分别将纤维用于挡墙和路基填料中，并对这种混合材料的工程性质进行了系统性研究。Lovisa 等[5]研究了含水量对纤维加筋砂土抗剪强度的影响，试验表明纤维能显著提高干燥状态下砂土的黏聚力。Yetimoglu 和 Salbas[6]经研究发现向土体中掺入纤维能增加土体的残余剪切强度。Diambra 等[7]基于复合材料力学中的混合物原则，建立了三轴试验受力条件下的纤维加筋土本构模型，其中纤维相采用线弹性模型，基本相采用简单的理想弹塑性莫尔-库仑模型，并进一步考虑了纤维材料分布方向的影响。Gao 和 Zhao[8]基于姚仰平的统一硬化模型建立了纤维加筋土强度模型，模型中通过引入偏应力张量不变量和纤维分布张量定义的各向异性变量来量化纤维分布方向，可以预测纤维分布各向异性时的纤维加筋土强度。Mcgown 等[9]对铝网加筋砂进行了试验，认为加筋土限制土体变形，能够抑制内部和边界变形。Areniez 和 Choudhury[10]研究条带状金属纤维在随机分布条件下对土体的强度改善情况。

20 世纪 90 年代初期，我国岩土科研人员也开始对纤维加筋土的基本构成及应用特性等性状进行研究，并取得了一定的成果。王德银等[11]开展了非饱和黏土在不同含水率和干密度条件下的直剪试验，发现低含水率和高密实度条件均有助于发挥纤维自身的加筋效果，在一定程度上能提高纤维对土体强度的贡献，增强效果则取决于纤维-土界面力大小，并且剪切面上的纤维在剪切过程中呈现拔出和拉断两种失效模式。介玉新等[12]通过离心模型试验得出纤维加筋能提高土质边坡稳定性的结论。施利国等[13]通过开展三轴试验研究了纤维掺量和灰土比对灰土的三轴特性影响，试验结果表明，聚丙烯加筋灰土的峰值应力和抗剪强度均大于普通灰土的峰值应力和抗剪强度。闫宁霞等[14]及闫宁霞和娄宗科[15]研究发现，在一定范围内，掺加聚丙烯纤维可明显提高固化土的抗压强度。在试验所用黄土中掺入聚丙烯纤维，当纤维掺量从0kg/m³增加到0.9kg/m³时，固化土的抗剪强度随之不断增大，并且当聚丙烯纤维的掺加量为0.9kg/m³时，固化土抗剪强度较不掺纤维的固化土提高了29%，加筋效果明显。何光春和周世良[16]对于加筋土技术的应用和进展研究表明：21世纪以来，国内外学者和工程技术人员开展了大量的加筋土试验研究，使得加筋土的计算理论、作用机理和施工技术得到了较快发展，也对理论发展落后实践的现状有所改变，而且在加筋材料的性能和优化研究方面也取得了较大突破。综上所述，在加筋材料配比选择及加筋水泥土性能方面研究还较少，应该是今后研究的重点。

1.2　纤维加筋水泥土国内外研究现状

纤维加筋水泥土作为一种新型的加固土体，目前对其强度的理论计算还不成熟，计算理论成果也不多。纤维加筋水泥土是一种复合材料，纤维与土体之间的作用力只表现为内力。因为纤维加筋水泥土并非是均质体，所以其强度、韧性、刚度受纤维含量、组分等因素影响较大。对于其数值模拟的理论计算、作用机理类的研究仍吸引着大量科研工作人员。

张旭东等[17]对纤维加筋水泥土进行了系统研究，发现水泥土的抗压强度随纤维含量的增加而增强，而且相同条件下，纤维加筋水泥土的抗压强度要高于纯粹的纤维加筋素土和纯粹的水泥土之和。唐朝生等[18]将不同纤维含量的丙纶纤维(聚丙烯纤维)分别掺入素土、水泥土和石灰土中，试验结果表明其无侧限抗压强度都随纤维含量的增加而增大，但在素土中掺入纤维对无侧限抗压强度的提高效果没有在石灰土和水泥土中掺入等量的纤维明显。Cai 等[19]在水泥土中加入丙纶纤维，试验结果表明试样的无侧限抗压强度随纤维含量的增加而增强，但石灰掺量超过某个值后会导致无侧限抗压强度的降低。

Bazant[20]假设基体为塑性，纤维为弹性，研究脆性材料与不同尺寸的纤维间的相互作用，得出脆性材料与纤维的界面强度存在着尺寸效应，界面在小尺度纤维的拔出破坏过程中符合强度模型，在大尺度纤维的拔出破坏过程中符合能量模型，在过渡尺度范围内的界面行为不适合以上两种模型。李旭东等[21]运用 von Mises 应力公式，得出界面结合强度的提高有助于应力传递，加大了纤维与水泥土之间的锚固效应。Bartos[22]首先提出了纤维拔出理论的图形化理解，通过在给定剪切刚度和最大剪应力的情况下，引出三个重要的长度参数：关键长度、最小拉断长度、最大完全脱黏长度，绘出最大拔出力 q_τ 和纤维埋置长度 L 之间的关系来表示不同的破坏类型，从而得出纤维拔出与众多因素有关，最重要的是纤维埋置长度、纤维的强度、界面的摩擦阻力，这些参数与纤维加筋的关系非常复杂。Laws[23]给出了纤维伸长解，包括脱黏前和脱黏后两种情况，将纤维脱黏和拔出解应用到基体的裂纹扩展问题中，获得了最小裂缝间距，最小裂缝间距与体积分数比有关，其解决办法与钢筋混凝土结构中关于平均裂缝间距的解释相同。Kelly 和 Tyson[24]基于简化的剪滞理论，假设其模型为轴对称模型，得出单纤维断裂试验在纤维断面处的 3 种损伤模式：①即纤维断裂，基体没有开裂，界面没有脱黏；②纤维断裂，基体开裂，但界面没有脱黏；③纤维断裂，界面脱黏，基体已开裂或基体未开裂。

1.3　纤维加筋水泥土固结强化发展趋势

从国内外的研究现状可知，目前纤维加筋水泥土的研究还存在以下问题。

(1)目前工程中的纤维加筋水泥土所选用的纤维多为丙纶纤维，尽管丙纶纤维造价较低，但丙纶纤维属于非环保材质，过多地使用会对环境造成一定程度的污染，且丙纶纤维加筋水泥土的强度相对较差[25]。

(2)对于纤维加筋水泥土固结强化过程中的微观形变特征及催化基质晶格移动规律缺乏明确的认识。

(3)目前对纤维加筋水泥土强度变化的原理及其应力-应变关系特征的研究还不够深入，特别是对土体本构模型的确立还缺乏统一的认识。

(4)对于纤维加筋水泥土的残余强度及细观形变受纤维的含量及物理尺寸及性状(粗糙度和细长比等)影响规律缺乏有力的试验及研究成果。

在今后对于纤维加筋水泥土的研究中，应更加注重其他绿色环保类型的纤维的试验研究；对纤维加筋水泥土固化过程中纤维的晶格形变基质运移等微观现象进行深入细致研究。在对纤维加筋水泥土进行抗拉、抗压等强度检测试验时，应着重对比纤维的物理性状(种类、含量、粗糙度和细长比)对水泥土的强度及应变等性质的影响。

1.4　项目研究内容和技术路线

本书在结合前人研究的基础上，收集和查阅大量文献资料，通过采用宏观-细观-微观多尺度实验相结合的方法，对棉麻纤维、锦纶纤维、玄武岩纤维、涤纶纤维、丙纶纤维，总计五种纤维的物-化-力性质差异进行实验研究。利用电镜扫描技术(SEM)，获取不同纤维微观形貌特征，对比分析不同纤维的界面特性；探讨掺不同种类的纤维加筋水泥土的固化机理特征，以及纤维对水泥土性能改善的微观作用，通过分析对比，找出强度增长的机理。通过室内单轴压缩试验及三轴直剪试验分析不同种类的纤维加筋水泥土在不同纤维含量、不同组分及粗糙度条件下的细观力学规律。通过控制纤维加筋水泥土的纤维含量及其细长比，分析纤维加筋水泥土的应力-应变关系及残余抗剪强度的变化曲线，确立纤维水泥土的本构关系，分析纤维含量和细长比对加筋水泥土强度的影响。主要研究内容如下。

(1)利用电镜扫描技术，获取棉麻纤维、锦纶纤维、玄武岩纤维、涤纶纤维、丙纶纤维，总计五种纤维的微观形貌特征，对比分析不同纤维的界面特性；借助 X 射线衍射技术(XRD)，得到不同纤维的物相组成，对比分析不同纤维的结构性差异及催化后晶格移动规律。

(2)借助布鲁克 D8 ADVANCE 型 X 射线衍射仪和扫描电子显微镜，在不同纤维(棉麻纤维、锦纶纤维、玄武岩纤维、涤纶纤维、丙纶纤维)、不同纤维含量(0.0%、0.5%、1.0%、1.5%)条件下，开展纤维-水泥-砂土复合材料物相分析试验，研究纤维掺入对纤维-水泥-砂土复合材料水泥水化产物的影响，得到纤维相变激励下纤维-水泥-砂土复合材料水泥固化规律及凝胶形变特征。

(3)进行了室内直剪试验，研究不同纤维含量下，纤维土的应力-应变关系；分析纤维含量对黏聚力和内摩擦角的影响规律，进而得到不同纤维含量对抗剪强度的影响关系式，并根据黏聚力、内摩擦角及残余抗剪强度与纤维量的关系曲线，获取纤维加筋水泥土中纤维含量的最优配比。

(4) 在同等围压、不同纤维长度(6mm、9mm)、不同纤维含量(0.0%、0.5%、1.0%、1.5%)条件下对纤维加筋水泥土进行单轴压缩试验及三轴直剪试验,分析纤维加筋水泥土的微观变形特征、应力-应变关系、残余抗剪强度变化规律及抗拉强度曲线变化特征,得出不同纤维含量、不同长细比对纤维加筋水泥土强度的耦合影响规律。

第 2 章　不同基质纤维微观形貌差异研究

2.1　棉麻纤维微观形貌特征

2.1.1　水泥土的制备

采用棉麻纤维对水泥土(水泥固化砂土)进行改良,在水泥土中掺入一定含量的棉麻纤维来提高水泥土的抗拉、抗剪强度、无侧限抗压强度及黏聚力等力学性质。采用 KYKY—2800B 型扫描电子显微镜(图 2.1)观察棉麻纤维样品在固结前后的微观形貌,着重分析棉麻纤维催化后纤维微观晶格的变形特征。

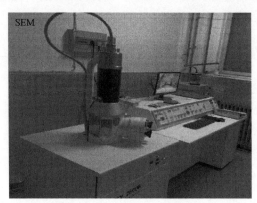

图 2.1　扫描电子显微镜

试验所选用的砂土是采用钻孔取心方法,在北京市延庆区北京世界园艺博览会综合管廊工程现场地下 4.4～4.8m 范围内钻取试验所用砂土,砂土物理指标如表 2.1 所示,筛分曲线如图 2.2 所示。试验前,使用振动筛筛除砂土中粒径大于 2mm 的颗粒组分,风干后用于试验。

表 2.1　砂土物理指标

砂土指标	C_u	C_c	e_{max}	e_{min}	$\gamma_{d,max}/(kN/m^3)$	$\gamma_{d,min}/(kN/m^3)$	G_s	$w/\%$
数值	2.25	0.92	0.85	0.51	1.82	1.61	2.65	10

注:C_u 为不均匀系数;C_c 为曲率系数;e_{max} 为最大孔隙比;e_{min} 为最小孔隙比;$\gamma_{d,max}$ 为最大干重度;$\gamma_{d,min}$ 为最小干重度;G_s 为土粒比重;w 为含水率。

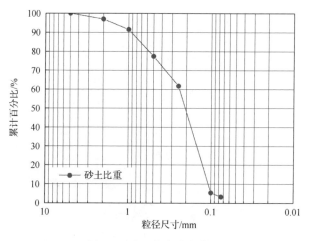

图 2.2　砂土粒径分布曲线

试验用水泥为波特兰二号水泥，其主要成分包括：$3CaO \cdot SiO_2$、$2CaO \cdot SiO_2$、$3CaO \cdot Al_2O_3$ 和 $4CaO \cdot Al_2O_3 \cdot Fe_2O_3$。由 ASTM C 187[26]测得水泥的相对重度为 3.08，水灰比为 0.485。参照 ASTM C 109-08[27]和 ASTM C 190-85[28]，测得该水泥 7 天抗压强度为 19.2MPa、抗拉强度为 1.6MPa，28 天抗压强度为 42.5MPa、抗拉强度为 2.22MPa。

2.1.2　水泥土微观结构分析

图 2.3 为不同放大倍数下不含纤维的水泥土的微观结构。实验时，工作电压 20kV，按需调整聚光镜、电对中、对比度、亮度等参数。50 倍的微观显微镜下可以清楚地看到水泥土砂砾成团聚状，表面布有较多的孔洞，且空洞直径

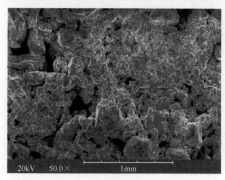

(a) 整体特征　　　　　　　　　　　(b) 未填充空洞

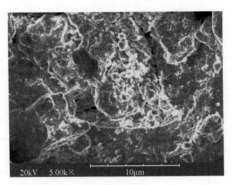

(c) 微小孔洞

图 2.3　水泥土微观结构

较大，直径在 10μm 以上的孔洞占主要部分。将显微镜调整到 200 倍，更加直观地看到，颗粒在水泥及添加剂的胶结作用下变成了粒径较大的团粒结构，同时团粒之间的空隙也变得很大。在 5000 倍镜片下可以看到有许多丝状、网状的胶结结构覆盖在颗粒之间，在颗粒之间仍密布着很多直径在 1～2μm 或小于 1μm 的微小空洞。

2.1.3　棉麻纤维微观催化晶格形变分析

本章节选用的棉麻纤维的基本物理力学参数如表 2.2 所示，在 KYKY-2800B 型扫描电子显微镜下，纤维束外形完整紧凑，无松散分丝现象，纤维束表面整体光滑，有少量胶质状杂质附着（图 2.4）。

表 2.2　棉麻纤维基本物理力学参数

种类	相对密度	单丝直径/mm	平均吸水率/%	弹性模量/GPa
棉麻纤维	1.35	0.40	15.6	0.0295

使用 SBJC-1600T 型纤维切断机 Fiber Cutter（中国丹东）将纤维切割成 5～10mm 小段，按照纤维含量为 0.75%、水泥含量为 3.0%、含水率为 15.5%、相对密度为 0.70 及干密度为 1.62[29,30]，制成纤维加筋水泥土，在温度（25±2）℃，湿度 90% 以上的条件下，使用混凝土养护箱养护 7 天（ASTM D 1632）。养护结束后将试块模型放置在微观显微镜下进行观察。显示结果如图 2.5 所示。棉麻纤维嵌入水泥土基体中，有明显的屈折分丝现象。从微观显微镜下能清楚地看到棉麻纤维以插入或者嵌入的方式与水泥土基体相结合，极大地增强了水泥土自身的抗拉强度与黏聚力。

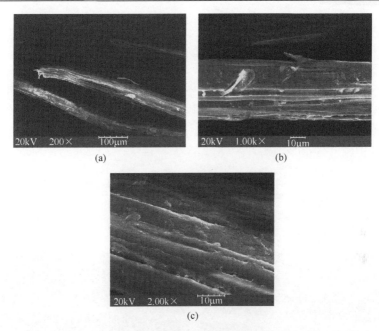

图 2.4　棉麻纤维微观形貌

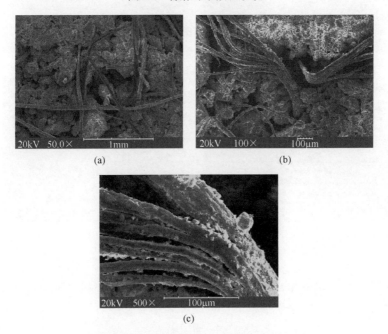

图 2.5　棉麻纤维加筋土催化后微观形貌

2.2　锦纶纤维微观结构分布规律

锦纶纤维具有优良的热稳定性、力学性能、耐磨损性及耐化学腐蚀性[31]。高结晶度的锦纶纤维具有表面光滑、化学活性低的特点。本章节选用的锦纶纤维基本物理力学参数如表 2.3 所示。利用扫描电子显微镜，得出几组不同倍镜下的锦纶纤维微观形貌(图 2.6)。

表 2.3　锦纶纤维基本物理力学参数

种类	组成	相对密度	单丝直径/mm	平均吸水率/%	弹性模量/GPa	抗拉强度/MPa
锦纶纤维	锦纶	1.17	0.75~0.80	6.5	2.3	594

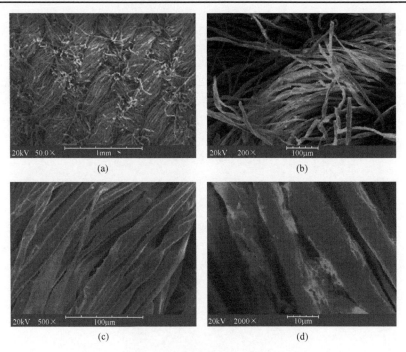

图 2.6　锦纶纤维微观形貌

由图 2.6 可以看出锦纶整体的外观形貌呈编织缠绕状，表面有许多单丝不规则地向外支出。在高倍镜下，锦纶纤维单丝分丝明显，单丝之间留有很大空隙，单丝表面光滑，无其他颗粒物附着。

将锦纶纤维通过 SBJC-1600T 型纤维切断机切割成 6mm 的小段，与水泥砂土混合，掺入适量的清水与添加剂，制成锦纶纤维加筋水泥土。养护 14 天，养护完成后，在干燥温度为 50℃的条件下，使用干燥箱干燥，将制备好的试样放置在电子显微镜下观察。

通过扫描电子显微镜对锦纶纤维加筋水泥土试样进行微观形貌观察，在 20 倍镜下，能够清晰地看出纤维加筋水泥土的整体形貌。从图 2.7(a) 显示，锦纶纤维与水泥砂土的结合程度并不太好，表面粗糙，且孔隙空洞较多。在 200 倍镜下观察固化后的锦纶纤维，纤维单丝缠绕在一起，表面附着少量的水泥砂土，结构疏松[图 2.7(b)]。在 2000 倍镜下显示水泥水化产物附着纤维较为紧密[图 2.7(c)]，证实了纤维加筋具有强化作用。

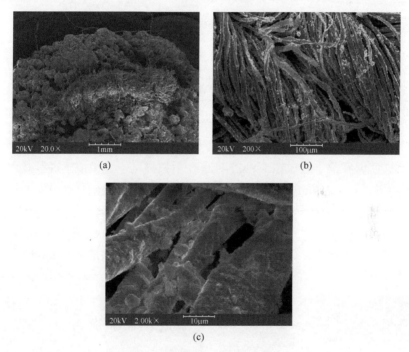

(a)　　　　(b)

(c)

图 2.7　锦纶加筋水泥土微观形貌

2.3　玄武岩纤维微观形态特征

本章节中使用的玄武岩纤维为短切玄武岩纤维块体，长为 6mm，宽为 1mm，平均厚度 14μm，如图 2.8 所示。玄武岩纤维单丝基本物理力学参数如表 2.4 所示。

图 2.8　玄武岩纤维

表 2.4　玄武岩纤维基本物理力学参数

种类	相对密度	单丝直径/mm	平均吸水率/%	弹性模量/GPa	抗拉强度/MPa
玄武岩纤维	2.50	0.017	0.0	85.9	2750

　　将玄武岩纤维小段放在 KYKY-2800B 型扫描电子显微镜下进行观察，在 20 倍镜下，玄武岩纤维的整体外观可以清晰地展现，呈圆柱状(图 2.9)。在放大 500 倍后，能够看到玄武岩纤维呈捆绑状，每条纤维丝间留有一定的缝隙，接口处呈凹凸交错状，易与水泥土包裹附着，在纤维上有晶状颗粒附着其上。

　　将切割好的玄武岩纤维与水泥、砂土等混合搅拌。参照 Crockford 等[32]和 Chen[33]的研究，将水泥含量定义为水泥质量与干燥砂土质量的比值，纤维含

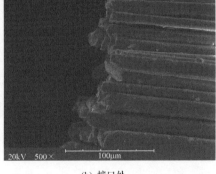

(a)　　　　　　　　　　　　　　　　(b) 接口处

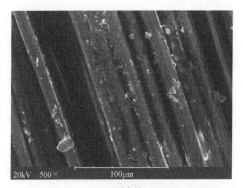

(c) 颈中处

图 2.9　玄武岩纤维微观形貌

量定义为纤维质量与干燥砂土质量的比值。由于玄武岩纤维基本不吸收水分，因此，将含水量定义为清水质量与干燥砂土和水泥总质量的比值[34]。试样制备完成后，在温度 (25±2)℃，湿度 90% 以上的条件下，使用混凝土养护箱养护 7 天 (ASTM D 1632)[35]。养护结束后，在干燥温度为 50℃ 的条件下，使用干燥箱干燥，将制备好的试样放置电子显微镜下观察。图 2.9 为玄武岩纤维微观形貌图。

　　如图 2.10 所示，玄武岩纤维以插入、嵌入等方式与水泥砂土混合在一起，在玄武岩纤维加筋水泥土的养护过程中，水泥土不断固化，纤维与水泥土之间产生胶结作用，在玄武岩纤维增强水泥固化砂土养护初期，纤维与砂土颗粒间主要通过砂土颗粒的挤压和包裹结合在一起。随着水泥水化的进行，水泥水化产物不断生长，填充砂土颗粒间的空隙及纤维与砂土颗粒间的空隙，将纤维与砂土颗粒黏结在一起。

(a) 嵌入式分布

(b) 水平式分布

(c) 插入式分布

图 2.10 玄武岩纤维加筋水泥土微观形貌

2.4 涤纶纤维微观尺度特性研究

涤纶纤维纺织品材质均匀，具有弹性高和拉力大的优点。把由纤维切割机加工得到的涤纶纤维碎块作为增强材料。涤纶纤维的单丝直径为 0.75mm，相对密度为 1.15，吸水率为 14.1%，伸长率为 6.4%。参照 ASTM D 2256[36]和 ASTM D 2101[37]确定单丝抗拉强度为 355MPa，单丝弹性模量为 2250MPa。涤纶纤维细观形貌如图 2.11 所示，其基本物理力学参数见表 2.5。

图 2.11 涤纶纤维细观形貌

表 2.5　涤纶纤维基本物理力学参数

种类	相对密度	单丝直径/mm	平均吸水率/%	弹性模量/GPa	抗拉强度/MPa
涤纶纤维	1.15	0.72～0.75	14.1	2250	355

图 2.12 为涤纶纤维在电子显微镜下的微观形貌，涤纶纤维整体呈块状分布，每条纤维束呈交错编织状结合在一起，整体结构紧密，单丝表面光滑、韧性好。

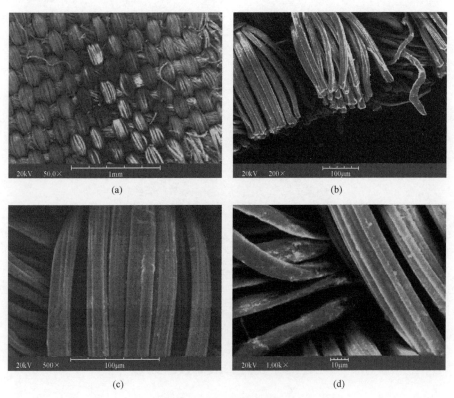

图 2.12　涤纶纤维微观形貌

本章节中试样直径为 38.1mm，高度为 80mm。制备试样前，采用王齐炫和 Hamidi 等提出的方法确定砂土质量、水泥含量、纤维含量和水质量[38,39]。为控制试样的干密度，分 8 次将涤纶纤维加筋水泥固化砂土填充至直径 39.1mm、高 80mm 的金属模具中。每次填充后，用金属锤锤击 25～30 次，直到试样高度达到 10mm±0.2mm。试样制备完成后，在温度(25±2)℃，湿度 90%以上的条件下，使用混凝土养护箱养护 7 天[40]。养护结束后，在干燥温度为 50℃

的条件下，使用干燥箱干燥，当试样质量变化小于 0.01g 时，停止干燥。由于干燥温度(50℃)小于涤纶纤维软化温度(200~210℃)，因此，干燥不会改变涤纶纤维的物理力学性质[41]。涤纶纤维加筋水泥固化砂土试样微观形貌如图 2.13 所示。

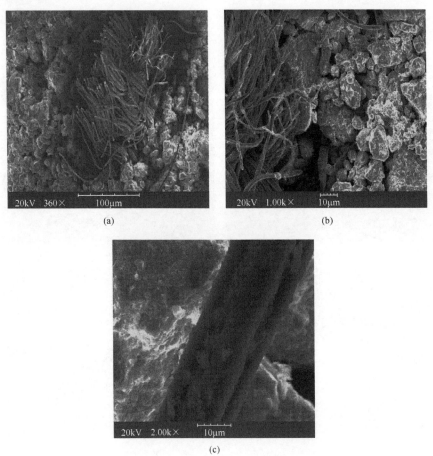

图 2.13　废细涤纶纤维加筋水泥固化砂土微观形貌

2.5　丙纶纤维微观结构形态规律

丙纶纤维(聚丙烯纤维)是丙烯经过聚合物形成的高分子化合物，是一种结构排列整齐的结晶性物质，颜色呈白色或乳白色，密度极小[42]，是现有使用树脂中质量最轻的一种，丙纶纤维微观形貌如图 2.14 所示。表 2.6 给出了丙纶纤维基体物理力学参数。

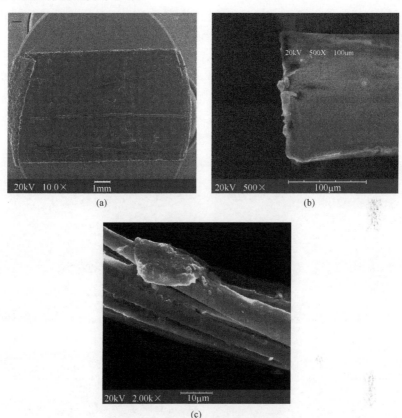

图 2.14　丙纶纤维微观形貌

表 2.6　丙纶纤维基体物理力学参数

种类	相对密度	单丝直径/mm	平均吸水率/%	弹性模量/GPa	抗拉强度/MPa
丙纶纤维	0.92	0.031	0.0	3.70	3650

　　试验前将取回的土样放进烘箱内烘干，温度控制在 105～110℃内，烘干时间不少于 8h，土样烘干后放入粉碎机中粉碎成粉末状，采用型号为 YB-1000A 型的高速多功能粉碎机。用干拌法按土样质量(土样质量是指干土和水质量之和)的不同比例向试验用土中掺入丙纶纤维，将束状的纤维打开为单丝状态后再将其与土料充分搅拌，然后按原含水率加水浸润土料。为了有效防止水分蒸发，将浸润过的材料放入密封袋后静置 24h。试验时按不同配合比称量出水泥与浸润好的纤维土料搅拌均匀，其中水泥的掺量是指水泥质量占土样质

量的百分比。

　　根据试验要求需要配置两种不同尺寸的试样，试样的尺寸均为：内径 39mm，高 80mm。装样前在模具内壁均匀涂上一层凡士林，以方便脱模，然后将称取的试验材料分 4 层装入固定好的模具内振捣击实，每层经振动排出气泡，最后用密封袋封好。24h 后进行脱模，脱模后的试样用塑料薄膜密封好置于养护箱中养护。为了减少误差，每个龄期每种掺量需配置 3 个相同的试样，养护时温度控制在 (25±2)℃，相对湿度不小于 95%。图 2.15 为丙纶纤维-水泥-砂土结合微观示意图。

图 2.15　丙纶纤维-水泥-砂土结合微观形貌

2.6　不同基质纤维微尺度及组分差异分析

　　采用 X 射线衍射仪技术 (X-ray diffraction，XRD) 对五种纤维进行成分分析，五种纤维衍射图谱如图 2.16 所示。由图 2.16 可知，五种纤维的衍射图谱中均具有一个明显的衍射峰，说明五种纤维组成物质纯度较高。由图 2.16 还可知，五种纤维匹配线的波动不同，说明纤维中杂质含量不同。其中，棉麻纤维、丙纶纤维匹配线波动小，匹配线近似一条光滑的直线，说明纤维中杂质含量低，涤纶纤维、玄武岩纤维匹配线波动大，匹配线的噪声大，说明纤维中杂质含量高。纤维中杂质含量对其力学性能有影响，杂质含量越低，纤维性质越均一，力学性能越好，杂质含量高，纤维性质差异大，力学性能差别大，荷载作用下，容易产生局部破坏。综上，若从纤维组成角度来评价纤维用于水泥固化砂土改良中的可行性和适用性，棉麻纤维、丙纶纤维优于涤纶纤维和玄武岩纤维。为全面、深入探讨各类纤维改良效果，第 3 章重点研究纤维改良水泥固化砂土细观力学性能。

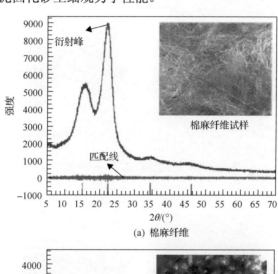

(a) 棉麻纤维

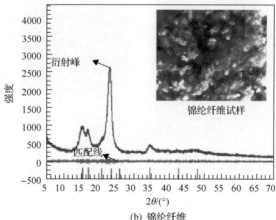

(b) 锦纶纤维

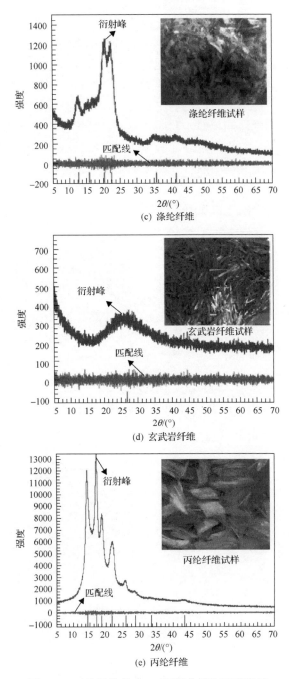

图 2.16 五种纤维的 XRD 衍射曲线和原样形貌

第 3 章 纤维加筋水泥土细观力学特性研究

为了对五种不同纤维固化后微观相变的进一步研究，本章开展纤维-水泥-砂土复合材料物相分析试验，使用布鲁克 D8ADVANCE 型 X 射线衍射仪分析纤维样品物相组成，选用步进扫描模式，工作电压为 40kV，工作电流为 100mA，滤波片为石墨弯晶单色器，2θ 扫描范围 8.5°～9.5°，扫描速率 0.02°/步，停留 4s/步。研究纤维掺入对纤维-水泥-砂土复合材料水泥水化产物的影响，得到纤维相变激励下纤维-水泥-砂土复合材料水泥水化规律。

3.1 棉麻纤维加筋水泥土固后细观力学特征

3.1.1 水泥固化砂土衍射光谱分析

采用布鲁克 D8ADVANCE 型 X 射线衍射仪(图 3.1)对水泥砂土进行物相分析，水泥-砂土的物相衍射光谱如图 3.2 所示。从衍射光谱中可以看出，水泥固化砂土中本身物相中主要成分为石英，所占含量为 79.47%，其余成分为钠长石 17.27%、方解石 3.02%及钙矾石 0.24%(表 3.1)。

图 3.1 布鲁克 D8ADVANCE 型 X 射线衍射仪

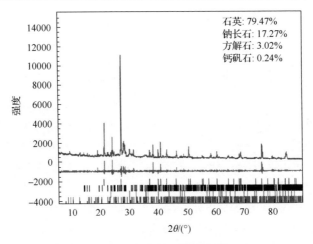

图 3.2　水泥-砂土物相光谱

表 3.1　水泥-砂土固后物相组成及含量

材料类型	纤维含量/%	物相组成及含量/%			
		石英 SiO₂	钠长石 NaAlSi₃O₈	方解石 CaCO₃	钙矾石 3CaO·Al₂O₃·3CaSO₄·32H₂O
水泥-砂土	0.0	79.47	17.27	3.02	0.24

3.1.2　不同含量棉麻纤维衍射光谱分析

　　采用布鲁克 D8ADVANCE 型 X 射线衍射仪对三种不同含量的棉麻纤维加筋水泥土进行物相分析，衍射光谱如图 3.3 所示。从衍射光谱中可以看出，与水泥固化砂土相比[图 3.3(a)]，加入棉麻纤维以后，水泥土物相组成发生较大的变化。当棉麻纤维含量为 0.5%时[图 3.3(b)]石英所占含量为 87.03%，钠长石含量为 10.88%、方解石含量为 1.79%、钙矾石含量为 0.30%。当棉麻纤维含量增加到 1.0%时，加筋水泥土的物相组成也发生了细微的变化。石英所占含量为 88.36%，钠长石含量为 9.16%、方解石含量为 2.23%、钙矾石含量为 0.25%。当棉麻纤维含量增加到 1.5%时，石英含量为 90.80%，钠长石含量为 7.97%、方解石含量为 1.02%、钙矾石含量为 0.21%(表 3.2)。

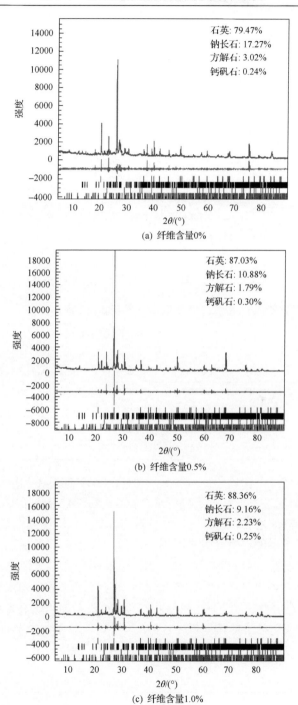

(a) 纤维含量0%

(b) 纤维含量0.5%

(c) 纤维含量1.0%

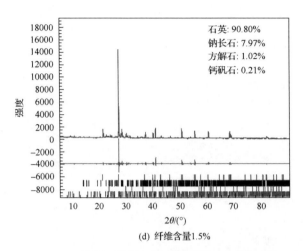

(d) 纤维含量1.5%

图 3.3　不同含量棉麻纤维加筋水泥土衍射光谱

表 3.2　棉麻纤维-水泥-砂土固后物相组成及含量

纤维类型	纤维含量/%	物相组成及含量/%			
		石英 SiO₂	钠长石 NaAlSi₃O₈	方解石 CaCO₃	钙矾石 3CaO·Al₂O₃·3CaSO₄·32H₂O
麻	0	79.47	17.27	3.02	0.24
	0.5	87.03	10.88	1.79	0.30
	1.0	88.36	9.16	2.23	0.25
	1.5	90.80	7.97	1.02	0.21

　　通过对四种纤维含量(0%、0.5%、1.0%、1.5%)的纤维加筋水泥土的物相含量变化曲线(图 3.4)，能够看到纤维含量为 0%～0.5%阶段中，石英和钙矾石的含量有明显的增长，钠长石和方解石的含量下降。继续增加纤维的含量，纤维加筋水泥土中的石英含量持续增长，但增长速率有所减缓。钠长石含量也持续降低，下降趋势也相对缓和。相对于前两种物质保持增减趋势不变，方解石与钙矾石均出现了不同的变化趋势，与纤维含量为 0%～0.5%阶段相反，钙矾石含量突然急剧下降，最终 0.21%要比最初的钙矾石含量 0.24%还要低。方解石的变化趋势整体呈下降趋势，但在纤维含量为 0.5%～1.0%阶段有向上增长的波动出现。

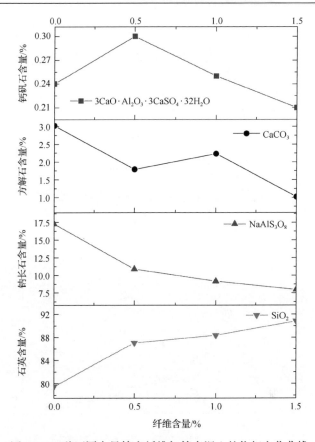

图 3.4 四种不同含量棉麻纤维加筋水泥土的物相变化曲线

3.1.3 棉麻纤维应力-应变关系理论分析

为了进一步研究纤维加筋水泥土的形变规律与强度特性变化，对不同含量和不同纤维长度下的棉麻纤维进行室内单轴压缩试验与三轴直剪试验。并对试验中所得到的实验数据进行分析整理，绘制成折线图。

图 3.5 为水泥含量为 3%时棉麻纤维加筋水泥土的无侧限抗压强度随轴向应变变化的关系曲线图。从图 3.5 两幅曲线图的对比来看，当纤维长度一定时，随着纤维含量的不断增加，基体的极限抗压强度逐渐增大，这说明随着纤维含量的增加，纤维加筋水泥土的抗压强度逐渐增强。当纤维含量达到 1.5%时，曲线峰值出现明显的后移，表明出现极限破坏强度时的轴向应变增大，水泥土基体由脆性破坏逐渐转为塑性破坏。对比两种不同纤维长度情况下，纤维长度较长（9mm）时，曲线峰值越高，抗压强度越大，抗压能力越好。

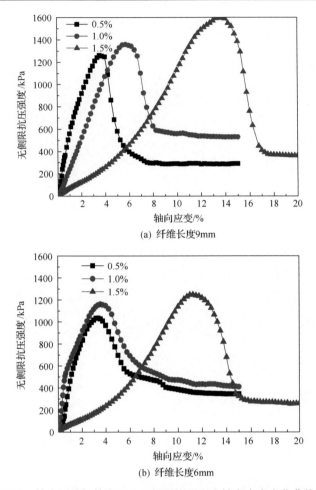

(a) 纤维长度9mm

(b) 纤维长度6mm

图 3.5　棉麻纤维加筋水泥土无侧限抗压强度轴向应变变化曲线图

　　三轴剪切试验中，棉麻纤维加筋水泥土的峰值应力变化规律如图 3.6 所示。由图 3.6(a)可知，当纤维长度为 6mm 时，纤维含量对峰值应力的影响与围压无关，不同围压条件下，峰值应力均随纤维含量的增大先增大后减小，在本研究给定的纤维含量范围内，峰值应力均在纤维含量为 1.0%时出现最大值。由图 3.6(b)可知，当纤维长度为 9mm 时，纤维含量对峰值应力的影响与围压相关，围压为 100kPa 时，纤维含量增大，峰值应力不断增大，围压为 300kPa 时，纤维含量增大，峰值应力不断减小，围压为 500kPa 时，纤维含量增大，峰值应力先减小后增大。

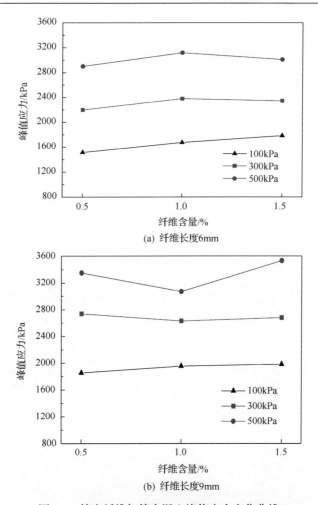

(a) 纤维长度6mm

(b) 纤维长度9mm

图 3.6　棉麻纤维加筋水泥土峰值应力变化曲线

从图 3.7 峰值应变变化曲线中可以看出，纤维长度为 6mm 时，在三种不同围压下，峰值应变都随着纤维含量的增大呈线性增长趋势，纤维长度在 9mm 时，纤维含量在 0.5%～1.0%阶段时，峰值应变呈线性增长趋势，当纤维含量超过 1.0%时，峰值应变值随含量的增长急剧下降，说明此时加筋水泥砂土中纤维的含量过多，导致水泥土基体的塑性变形下降。

为定量评价纤维掺入对水泥固化砂土强度和变形特性的影响，引入峰值应力增强系数、应变增强系数。计算公式如下。

$$\text{峰值应力增强系数：} I_{\text{df}} = \frac{(\sigma_1 - \sigma_3)_{\text{fR}}}{(\sigma_1 - \sigma_3)_{\text{fU}}} - 1$$

$$\text{应变增强系数：} I_{\varepsilon-\text{df}} = \frac{\varepsilon_{\text{fR}}}{\varepsilon_{\text{fU}}} - 1$$

式中，$(\sigma_1 - \sigma_3)_{\text{fR}}$ 为添加纤维后试样的大、小主应力差值；$(\sigma_1 - \sigma_3)_{\text{fU}}$ 为未添加纤维时试样的大、小主应力差值；ε_{fR} 为添加纤维后试样的应变值；ε_{fU} 为未添加纤维时试样的应变值。

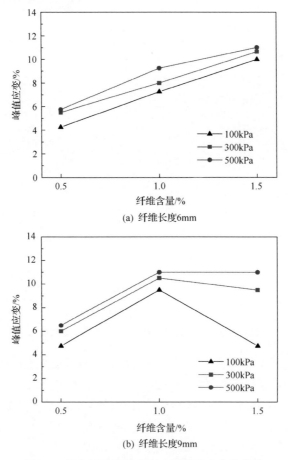

图 3.7　棉麻纤维加筋水泥土峰值应变变化曲线

图 3.8 给出了棉麻纤维加筋水泥土的峰值应力增强系数变化情况。随纤维含量增加，增强系数减小，说明棉麻纤维含量条件下，纤维对水泥土的增

强作用更好。

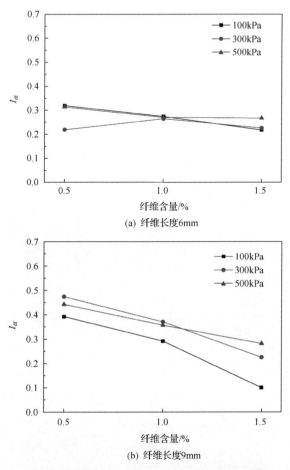

(a) 纤维长度6mm

(b) 纤维长度9mm

图 3.8　棉麻纤维加筋水泥土峰值应力增强系数

3.1.4　强度变化规律分析

　　为了得到棉麻纤维加筋水泥土在不同含量及不同纤维长度时，加筋水泥土基体的抗剪强度的变化趋势，对棉麻纤维加筋水泥土进行三轴压缩试验，通过库仑公式（$\tau_f = c + \sigma_n \tan\varphi$）[43]求得基体的抗剪强度，通过莫尔圆包线法，求得不同条件下，基体的黏聚力（c）和内摩擦角（φ）的数值大小。

　　棉麻纤维加筋水泥土的黏聚力和内摩擦角变化曲线如图 3.9 所示，从图中可以看到，纤维长度为 9mm 时的黏聚力明显要高于纤维长度为 6mm 时的黏聚力。并且黏聚力整体随纤维含量的增大而呈上升趋势，9mm 时在纤维含量为 1.0%时达到峰值 453.1kPa。基体内摩擦角的变化波动较大，没有较明显的规律，在 9mm 时，上下起伏，在纤维含量为 1.5%时得到最大值 41.7°，纤维长度为 6mm 在纤维含量为 1.0%时得到最大值 40.2°。

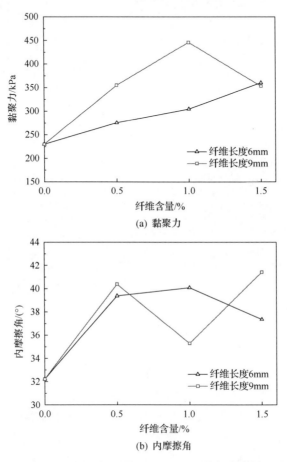

(a) 黏聚力

(b) 内摩擦角

图 3.9　棉麻纤维加筋水泥土 c、φ 值变化曲线

3.1.5　残余强度变化规律

一般在进行室内土的压缩试验时，常常用土的残余强度来对土的抗压强度进行合理分析，残余强度增强系数定量反映了纤维对水泥固化砂土残余强度的增强作用。由图 3.10(a)、图 3.10(b)可知，纤维加入后，残余强度有明显提高，其变化与围压、纤维含量、纤维长度密切相关。由图 3.10(c)、图 3.10(d)

可知，纤维长度为 6mm 时，纤维含量增大，残余强度增强系数增大，说明纤维对残余强度的增强作用提高；纤维长度为 9mm 时，残余强度增强系数变化受纤维含量和围压的共同影响，不同纤维含量、不同围压组合下，残余强度增强系数具有不同的变化规律。其中，残余强度增强系数计算公式如下：

$$I_{\text{R-df}} = \frac{P_{\text{RR}} - P_{\text{UR}}}{P_{\text{UR}}}$$

式中，$I_{\text{R-df}}$ 为残余强度增强系数，P_{RR} 为纤维加筋水泥土的残余强度，P_{UR} 为水泥土的残余强度。附注：R 代表 reinforcement，U 代表 unreinforcement。

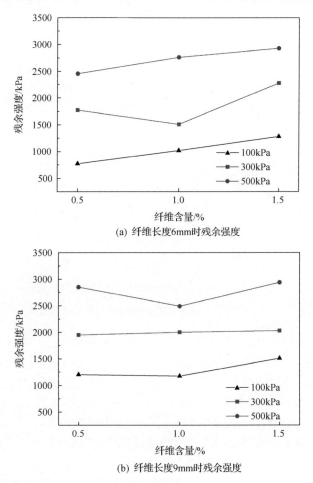

(a) 纤维长度6mm时残余强度

(b) 纤维长度9mm时残余强度

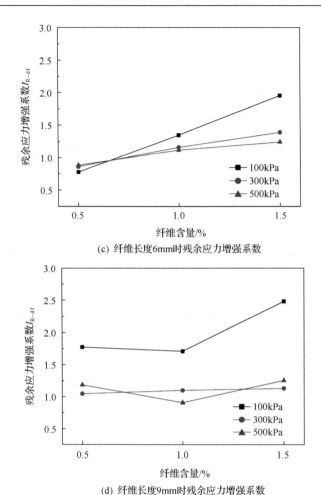

(c) 纤维长度6mm时残余应力增强系数

(d) 纤维长度9mm时残余应力增强系数

图 3.10　棉麻纤维加筋水泥土残余强度变化曲线分析

　　从图 3.10 中我们可以看到两种纤维长度的加筋水泥土的残余强度随纤维含量的增加变化趋势类似，整体呈缓慢上升趋势，在纤维长度为 6mm、围压为 300kPa 时，基体的残余强度在纤维含量为 1.0%时出现下降，随后继续上升。纤维长度为 9mm、围压为 500kPa 时，残余强度出现下降，随后上升。

　　棉麻纤维加筋水泥土的残余黏聚力和残余内摩擦角变化曲线如图 3.11 所示，与基体未破坏前的黏聚力与内摩擦角相比，基体的黏聚力大幅度减小，内摩擦角有所增大。不同纤维长度下，黏聚力和内摩擦角的变化规律与没破坏前相类似。纤维长度为 9mm 时的黏聚力整体高于纤维长度为 6mm 时的黏聚力。并且黏聚力整体随纤维含量的增大而呈上升趋势，9mm 时在纤维含量为 1.0%时达到峰值 228.1kPa。纤维长度为 9mm 时，内摩擦角上下起伏，在纤维含量为 1.5%时得到最大值 44.0°，纤维长度为 6mm 在纤维含量为 1.0%时得到最大值 43.8°。

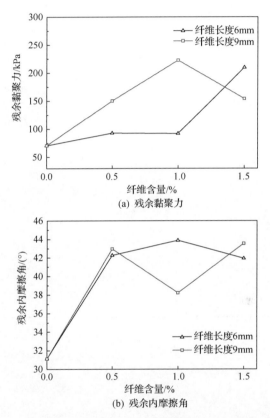

(a) 残余黏聚力

(b) 残余内摩擦角

图 3.11　棉麻纤维加筋水泥土残余抗剪强度参数变化规律

3.1.6　刚度系数变化规律

刚度系数反映了材料或结构在受力时抵抗弹性变形的能力，脆性指数反映了材料破坏模式。引入刚度系数和脆性指数，定量分析围压、纤维含量、纤维长度对纤维加筋水泥土抵抗变形能力和破坏模式的影响。由图 3.12（a）、3.12（b）可知，当纤维含量、纤维长度一定时，围压增大，刚度系数增大；当围压一定，纤维长度 6mm 时，纤维含量增大，刚度系数总体上不断减小；当围压一定，纤维长度 9mm 时，纤维含量增大，刚度系数总体上先减小后增大；

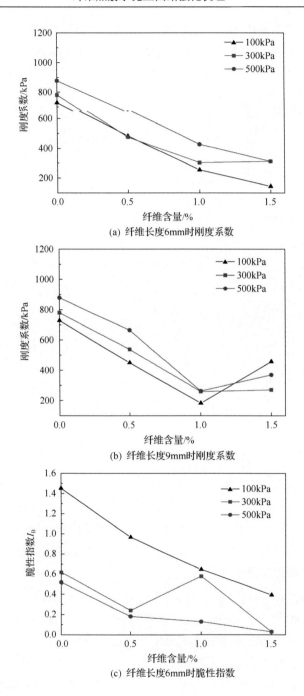

(a) 纤维长度6mm时刚度系数

(b) 纤维长度9mm时刚度系数

(c) 纤维长度6mm时脆性指数

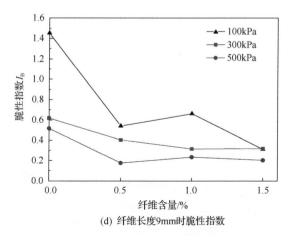

(d) 纤维长度9mm时脆性指数

图 3.12　棉麻纤维加筋水泥土刚度系数变化曲线

由图 3.12（c）、3.12（d）可知，当纤维含量、纤维长度一定时，围压增大，脆性指数减小；当围压一定，纤维长度 6mm 时，纤维含量增大，脆性指数总体上减小；当围压一定，纤维长度 9mm 时，纤维含量增大，脆性指数总体上先减小后趋于稳定。

3.2　锦纶纤维加筋水泥土固后细观力学规律

3.2.1　锦纶纤维相变衍射光谱分析

　　由于锦纶纤维表面光滑，与水泥砂土结合困难，纤维含量较低时，对水泥砂土的物理化学性质影响并不显著[44]，因此在进行采用布鲁克D8ADVANCE 型 X 射线衍射仪进行衍射光谱分析试验时仅对三种不同含量的锦纶纤维加筋水泥土进行物相分析，衍射光谱如图 3.13 所示。图 3.13（a）为纤维含量 0%时（水泥砂土）的衍射光谱。从衍射光谱中可以看出，与水泥砂土相比，加入锦纶纤维以后，水泥土物相组成发生巨大的变化。当锦纶纤维含量为 1.0%时，石英含量为 48.95%、钠长石含量为 49.09%、方解石含量为 1.89%、钙矾石含量为 0.07%。当锦纶纤维含量增加到 1.5%时，石英含量为 49.57%、钠长石含量为 48.22%、方解石含量为 2.02%、钙矾石含量为 0.19%（表 3.3）。

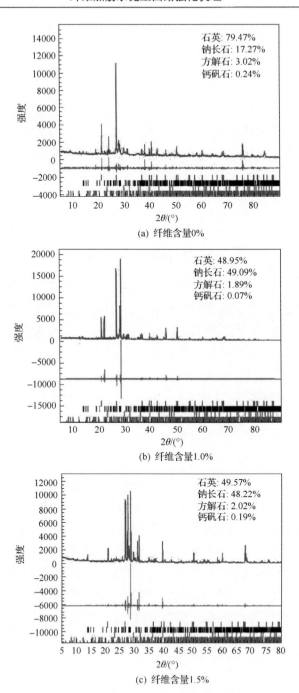

(a) 纤维含量0%

(b) 纤维含量1.0%

(c) 纤维含量1.5%

图 3.13　不同含量锦纶纤维加筋水泥土衍射光谱

表 3.3　锦纶纤维-水泥-砂土固后物相组成及含量

纤维类型	纤维含量/%	物相组成及含量/%			
		石英 SiO₂	钠长石 NaAlSi₃O₈	方解石 CaCO₃	钙矾石 3CaO·Al₂O₃·3CaSO₄·32H₂O
锦纶纤维	0	79.47	17.27	3.02	0.24
	1.0	48.95	49.09	1.89	0.07
	1.5	49.57	48.22	2.02	0.19

通过对比三种纤维含量(0%、1.0%、1.5%)的纤维加筋水泥土的物相含量变化曲线(图 3.14)，可以看出，锦纶纤维加筋水泥土在纤维含量为 0~1.0% 阶段，石英、方解石、钙矾石的含量都有明显的下滑趋势，只有钠长石的含量上升，可以认为在锦纶纤维中所含的化学成分的催化下，石英、方解石与钙矾石通过一定的化学反应转化为了钠长石。在纤维含量 1.0%到 1.5%阶段，石英与钠长石的含量趋于稳定，方解石与钙矾石的含量有所增加。

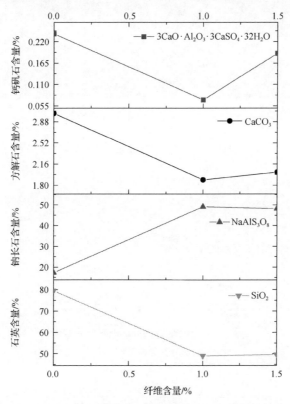

图 3.14　三种不同含量锦纶纤维加筋水泥土的物相变化曲线

3.2.2 破坏模式与应力-应变关系

与 3.1 节中对棉麻纤维加筋水泥土的应力-应变、强度等物理特性进行细致的分析方法一致，对锦纶纤维进行室内单轴压缩试验，并对试验结果进行对比分析。两组不同纤维长度(6mm、9mm)改良后的加筋水泥砂土进行单轴压缩试验，破坏形貌如图 3.15 所示，从破坏外观上看，6mm 组的破坏形式要优于 9mm 组，但基体上仍存在一些横向裂隙贯通至整个截面。纤维含量为 1.5%时，破坏较为规则没有明显的塑性破坏的特征，此时的纤维长度与含量较为合理。9mm 时的破坏形貌为明显的脆性破坏特征。横向裂隙与竖向裂隙交错，分布十分不规则，裂纹主要呈树叶状分布。

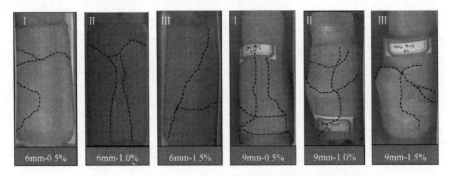

图 3.15　锦纶纤维加筋水泥土单轴压缩试验细观形貌

图 3.16 为水泥含量为 3%时锦纶纤维加筋水泥土的无侧限抗压强度随轴向

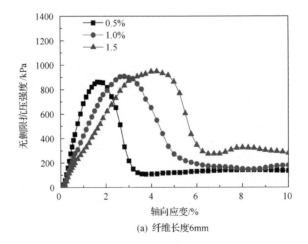

(a) 纤维长度6mm

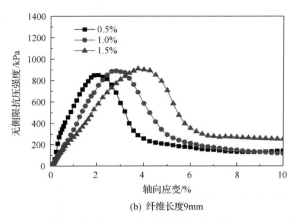

(b) 纤维长度9mm

图 3.16　锦纶纤维加筋水泥土无侧限抗压强度随轴向应变变化曲线图

应变变化的关系曲线图。从两幅曲线图的对比来看，当纤维长度一定时，随着纤维含量的不断增加，基体的极限抗压强度逐渐增大，曲线峰值后移，这说明随着纤维含量的增加，纤维加筋水泥土的抗压强度逐渐增强，塑性变形能力增强。与 3.1 节中的棉麻纤维相比，锦纶纤维加筋水泥土的无侧限抗压强度的峰值强度与出现极限强度的轴向应变值都比棉麻纤维要小，如果仅从这一点上看，棉麻纤维比锦纶纤维更适合作为加筋水泥土的纤维填料。

3.2.3　峰值应力与峰值应变变化规律

水泥含量 3%，相对密度 0.70 时锦纶纤维加筋水泥土峰值应力-应变变化曲线如图 3.17 所示。由图 3.17(a)、3.17(b)可知，纤维长度为 6mm 时，纤维含量增大，无侧限抗压强度和峰值应变均先增大后减小，纤维长度为 9mm 时，纤维含量增大，无侧限抗压强度和峰值应变均不断增大；由图 3.17(c)、3.17(d)可知，纤维长度为 6mm 时，纤维增强作用随含量增大而减弱，9mm 时相反。

无侧限抗压强度增强因子：

$$I_{\mathrm{UCS}} = \frac{q_{\mathrm{R}} - q_{\mathrm{UU}}}{q_{\mathrm{UU}}} = \frac{q_{\mathrm{R}}}{q_{\mathrm{UU}}} - 1$$

应变增强因子：

$$\varepsilon_{\mathrm{UCS}} = \frac{\varepsilon_{\mathrm{R-peak}} - \varepsilon_{\mathrm{U-peak}}}{\varepsilon_{\mathrm{U-peak}}} = \frac{\varepsilon_{\mathrm{R-peak}}}{\varepsilon_{\mathrm{U-peak}}} - 1$$

式中，q_R 为增强后的无侧限抗压强度值；q_{UU} 为未增强时的无侧限抗压强度值；ε_{R-peak} 为增强后的峰值应变；ε_{U-peak} 为未增强时的峰值应变。

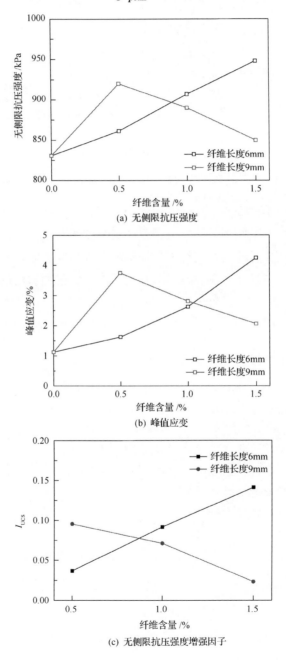

(a) 无侧限抗压强度

(b) 峰值应变

(c) 无侧限抗压强度增强因子

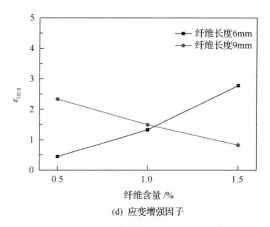

(d) 应变增强因子

图 3.17　锦纶纤维加筋水泥土无侧限抗压强度与峰值应变变化规律

图 3.18 为锦纶纤维加筋水泥土的残余抗压强度变化曲线，水泥含量 3%，相对密度 0.7。当纤维长度为 6mm 时，残余抗压强度随纤维含量的增加呈阶梯状增长，纤维含量为 9mm 时，残余强度上下波动起伏，在 0.5%时，达到最大值 249.3kPa。用残余强度增强因子(I_{R-UCS})表示水泥土残余强度变化的整体趋势。纤维长度为 6mm 时逐渐上升，而纤维长度为 9mm 时，残余强度增长因子呈下降趋势。

残余强度增强因子：

$$I_{R-UCS} = \frac{q_{RR} - q_{UUR}}{q_{UUR}} = \frac{q_{RR}}{q_{UUR}} - 1$$

式中，q_{RR} 为增强后的残余强度；q_{UUR} 为未增强时的残余强度。

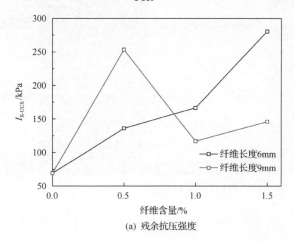

(a) 残余抗压强度

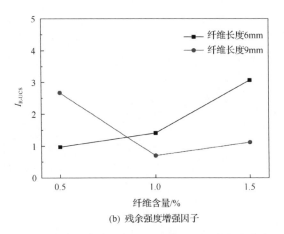

(b) 残余强度增强因子

图 3.18　锦纶纤维加筋水泥土残余抗压强度变化曲线

3.2.4　峰值应力-应变关系分析

对锦纶纤维加筋水泥土进行三轴剪切试验，试验所得试样破坏形貌如图 3.19 所示，通过对比分析试验破坏结果，能够看到，纤维长度为 6mm 的试样破坏面沿着试样的斜截面发生剪切破坏，且破坏面十分规则，没有其他杂乱裂隙，说明纤维加筋水泥土此时的抗压强度良好，发生塑性破坏。当纤维长度为 9mm 时，试样的破坏界面十分不规则，主要破坏面是由横向裂隙裂开

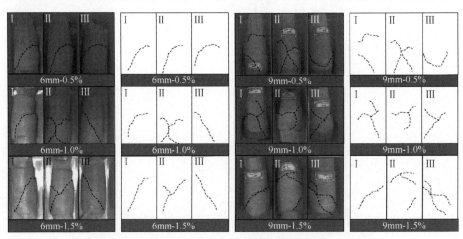

图 3.19　锦纶纤维加筋水泥土三轴剪切试验破坏形貌

导致，随着纤维含量的增加，破坏形式变得较为规则，由脆性破坏向塑性破坏转变。

　　三轴试验中，锦纶纤维加筋水泥固化砂土应力-应变关系曲线如图3.20 所示。由图 3.20 可知，锦纶纤维加筋水泥固化砂土应力-应变关系曲线均存在明显的峰值点，在达到峰值后，均出现了应变软化，即随着应变增大应力不断减小，应变软化阶段结束后，纤维加筋水泥固化砂土应力-应变曲线均出现一个应变增大，应力基本保持不变的阶段，将该阶段的应力定义为纤维加筋水泥固化砂土的残余强度。随着围压增大，残余强度不断增大。

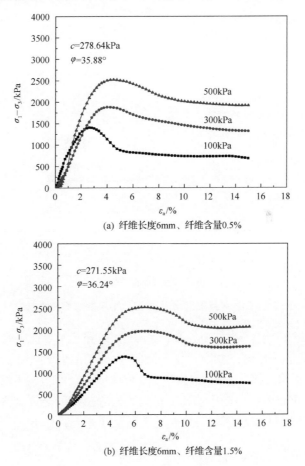

(a) 纤维长度6mm、纤维含量0.5%

(b) 纤维长度6mm、纤维含量1.5%

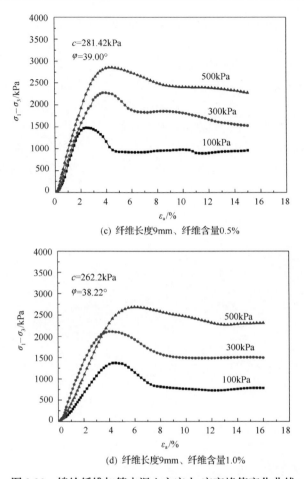

(c) 纤维长度9mm、纤维含量0.5%

(d) 纤维长度9mm、纤维含量1.0%

图 3.20　锦纶纤维加筋水泥土主应力-应变峰值变化曲线

　　图3.21给出了一定纤维长度条件下,纤维含量、围压对峰值应力(图3.21(a)、图3.21(b))、峰值应变(图3.21(c)、图3.21(d))、峰值应力增强因子(图3.21(e)、图3.21(f))的影响规律。由图 3.21 可知,峰值应力、峰值应力增强因子与纤维含量总体上负相关,与围压总体上正相关;峰值应变与纤维含量、围压总体上正相关。偏应力增强系数与应变增强系数计算公式如下。

　　峰值应力增强系数：$I_{df} = \dfrac{(\sigma_1 - \sigma_3)_{fR}}{(\sigma_1 - \sigma_3)_{fU}} - 1$

　　应变增强系数：$I_{\varepsilon-df} = \dfrac{\varepsilon_{fR}}{\varepsilon_{fU}} - 1$

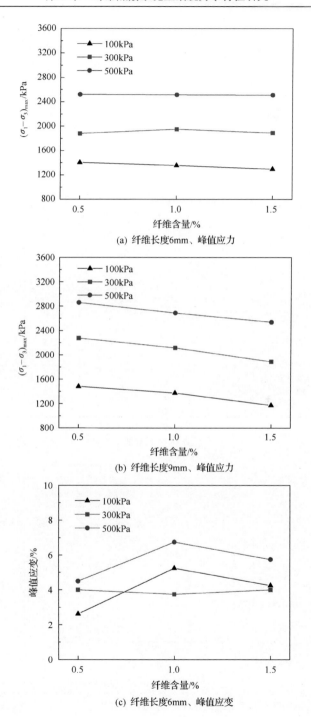

(a) 纤维长度6mm、峰值应力

(b) 纤维长度9mm、峰值应力

(c) 纤维长度6mm、峰值应变

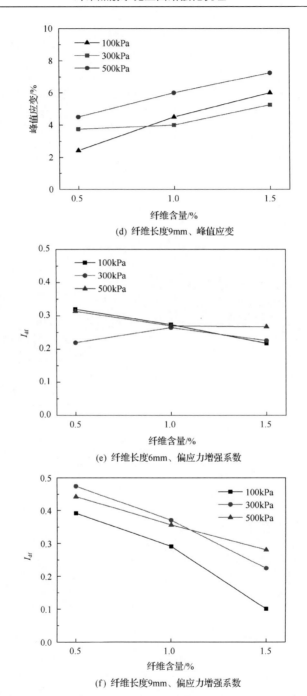

(d) 纤维长度9mm、峰值应变

(e) 纤维长度6mm、偏应力增强系数

(f) 纤维长度9mm、偏应力增强系数

图 3.21 锦纶纤维加筋水泥土纤维含量对峰值应力、峰值应变、峰值应力增强因子的影响规律

　　锦纶纤维加筋水泥土的黏聚力和内摩擦角变化曲线如图 3.22 所示,从图中可以看到,两种不同纤维长度的基体的黏聚力十分相近,纤维含量为 1.0%以前变化曲线也基本重合,但在纤维含量为 1.0%~1.5%阶段,纤维长度 6mm的基体黏聚力逐渐上升,而纤维长度 9mm 的基体黏聚力呈下降趋势。纤维长度为 9mm 时的内摩擦角明显要高于纤维长度为 6mm 时的内摩擦角。并且黏聚力整体随纤维含量的增大而呈上升趋势。

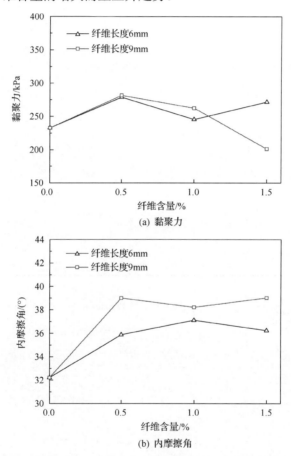

(a) 黏聚力

(b) 内摩擦角

图 3.22　锦纶纤维加筋水泥土抗压强度因子关系变化曲线

3.2.5　残余强度研究

　　本研究中,残余应力定义为应力-应变曲线峰后阶段应力趋于平衡时的应力值,其大小表征了试样在破坏后仍具有的承受荷载的能力。因此,残余应力越大，说明试样的力学性能越好。残余应力增强系数公式如下。

$$残余应力增强系数：I_{R-df} = \frac{(\sigma_1 - \sigma_3)_{R-fR}}{(\sigma_1 - \sigma_3)_{R-fU}} - 1$$

采用残余应力增强系数（I_{R-df}）[45]对基体破坏后残余应力的增长进行研究，通过对两幅图片的对比分析发现，纤维长度为 6mm 时，残余应力增强系数随纤维含量的增长幅度不大，在 100kPa 围压下，在纤维含量为 0.5%～1.0%阶段，甚至出现下降趋势。从图 3.23 中不难看出，当纤维长度为 9mm 时，残余应力增强系数明显大于 6mm 纤维长度，并且受围压影响较大，在 100kPa围压下，随纤维含量的增长，残余应力增长系数呈线性大幅度下降。

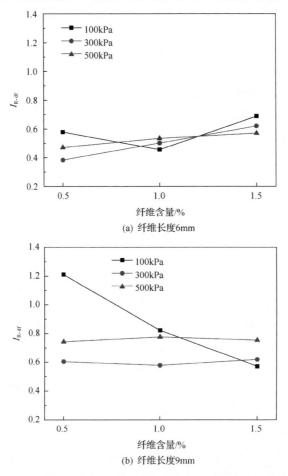

图 3.23　锦纶纤维加筋水泥土残余应力增强系数变化曲线

锦纶纤维加筋水泥土的残余黏聚力和残余内摩擦角变化曲线如图 3.24 所示，与基体未破坏前的黏聚力与内摩擦角相比，基体的黏聚力大幅度减小，内摩擦角有所增大。不同纤维长度下，黏聚力和内摩擦角的变化规律与没破坏前相类似。纤维长度为 9mm 时的黏聚力整体高于纤维长度为 6mm 时的黏聚力。并且黏聚力整体随纤维含量的增大而呈上升趋势，纤维长度为 9mm 时在纤维含量为 0.5%时达到峰值 134.2kPa。内摩擦角在纤维长度为 9mm 时，呈上升趋势，在 1.5%的纤维含量时得到最大值 42.5°，纤维长度为 6mm 在纤维含量为 1.0%时得到最大值 36.6°。

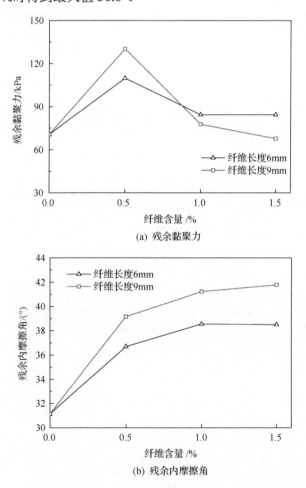

(a) 残余黏聚力

(b) 残余内摩擦角

图 3.24　锦纶纤维加筋水泥土残余黏聚力、残余内摩擦角变化曲线

3.2.6 刚度系数和脆性指数变化规律

通过对锦纶纤维加筋水泥土的刚度系数及脆性指数进行分析，能够了解基体在受到一定强度的荷载作用时，发生脆性破坏的可能性，有效地避免工程事故的发生，分析曲线如图 3.25 和图 3.26 所示。

$$刚度系数：E_{50} = \frac{0.5\sigma_{\max}}{\varepsilon_{0.5\sigma_{\max}}}$$

式中，$0.5\sigma_{\max}$ 为最大峰值应力一半；$\varepsilon_{0.5\sigma_{\max}}$ 为最大峰值应力一半对应的应变。

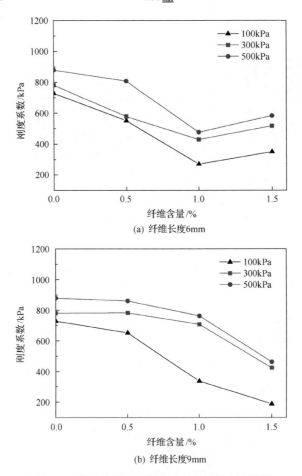

(a) 纤维长度6mm

(b) 纤维长度9mm

图 3.25　锦纶纤维加筋水泥土刚度系数变化曲线

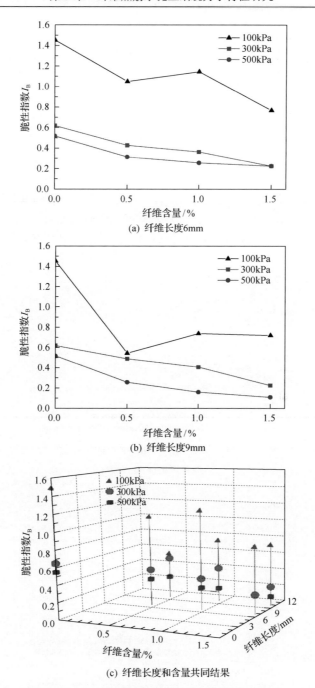

(a) 纤维长度6mm

(b) 纤维长度9mm

(c) 纤维长度和含量共同结果

图 3.26　锦纶纤维加筋水泥土脆性指数变化规律

$$\text{脆性指数：} I_B = \frac{(\sigma_1 - \sigma_3)_{peak}}{(\sigma_1 - \sigma_3)_{ultimate}} - 1$$

式中，$(\sigma_1 - \sigma_3)_{peak}$ 为峰值应力；$(\sigma_1 - \sigma_3)_{ultimate}$ 为应力-应变曲线结束时对应的应力。

3.3 玄武岩纤维加筋水泥土固后细观力学特性

采用布鲁克 D8ADVANCE 型 X 射线衍射仪对四种不同含量的玄武岩纤维加筋水泥土进行物相分析，衍射光谱如图 3.27 所示，不同纤维含量下的物相组成及含量见表 3.4。从衍射光谱中可以看出，与水泥砂土相比，加入玄武岩

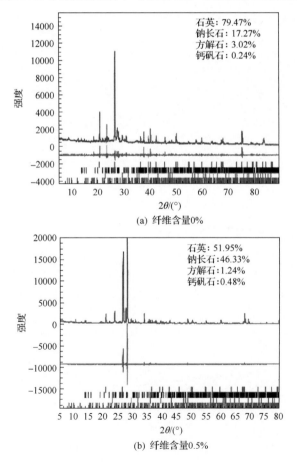

(a) 纤维含量0%

(b) 纤维含量0.5%

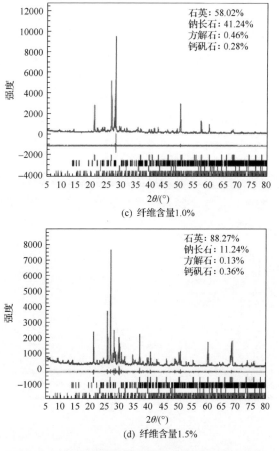

(c) 纤维含量1.0%

(d) 纤维含量1.5%

图 3.27　玄武岩纤维加筋水泥土物相组成衍射光谱

表 3.4　玄武岩纤维-水泥-砂土固后物相组成及含量

纤维类型	纤维含量/%	物相组成及含量/%			
		石英 SiO_2	钠长石 $NaAlSi_3O_8$	方解石 $CaCO_3$	钙矾石 $3CaO \cdot Al_2O_3 \cdot 3CaSO_4 \cdot 32H_2O$
玄武岩	0	79.47	17.27	3.02	0.24
	0.5	51.95	46.33	1.24	0.48
	1.0	58.02	41.24	0.46	0.28
	1.5	88.27	11.24	0.13	0.36

麻纤维以后，水泥土物相组成发生较大变化。当玄武岩纤维含量为 0.5%时，石英所占含量为 51.95%、钠长石含量为 46.33%、方解石含量为 1.24%、钙矾

石含量为 0.48%。当玄武岩纤维含量增加到 1.0%时，加筋水泥土的物相组成
也发生了细微的变化。石英所占含量为 58.02%、钠长石含量为 41.24%、方解
石含量为 0.46%、钙矾石含量为 0.28%。当玄武岩纤维含量增加到 1.5%时，
石英含量为 88.27%、钠长石含量为 11.24%、方解石含量为 0.13%、钙矾石含
量为 0.36%。

  通过四种玄武岩纤维含量(0%、0.5%、1.0%、1.5%)的纤维加筋水泥土的
物相含量变化曲线(图 3.28)，能够看到随着纤维含量的增加，在纤维含量为
0%~0.5%阶段，石英和方解石的含量呈下降趋势，钠长石和钙矾石的含量上
升。继续增加纤维的含量，玄武岩纤维加筋水泥土中的石英含量持续增长，
钠长石和方解石的含量持续下降。钙矾石的含量呈上下波动状态。

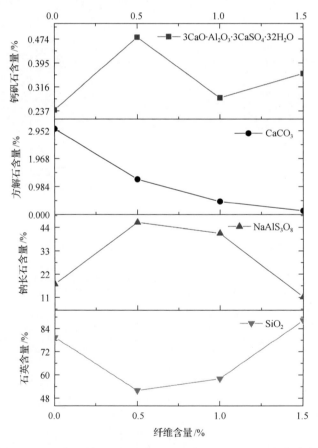

图 3.28 四种不同含量玄武岩纤维加筋水泥土的物相变化曲线

3.3.1　破坏模式与应力-应变关系

图 3.29 为玄武岩纤维加筋水泥土的无侧限抗压强度随轴向应变变化的关系曲线图，水泥含量为 3%。当纤维长度一定时，随着纤维含量的不断增加，基体的极限抗压强度逐渐增大，这说明随着纤维含量的增加，纤维加筋水泥土的抗压强度逐渐增强。纤维长度为 9mm 时，纤维含量增长到 1.5%时，抗压强度有明显的提高。与锦纶纤维和棉麻纤维相比，曲线的峰值点没有明显的向后移动的趋势，说明玄武岩纤维加筋水泥土的塑性变形能力相对于前两种纤维加筋水泥土稍差一些。

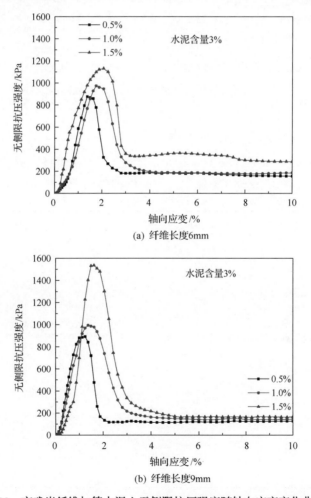

(a) 纤维长度6mm

(b) 纤维长度9mm

图 3.29　玄武岩纤维加筋水泥土无侧限抗压强度随轴向应变变化曲线图

图 3.30 为玄武岩纤维加筋水泥土进行单轴压缩试验后，几种不同条件的试样的破坏形貌，从试样的破坏纹理上看，竖向裂隙较多，破坏面主要是竖向裂隙引起的。与水泥砂土相比，试样的破坏更符合塑性破坏方式。玄武岩纤维加筋水泥土的抗压、抗剪强度都有了明显的提升。

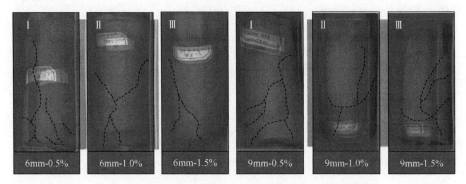

图 3.30　玄武岩纤维加筋水泥土单轴压缩试验破坏形貌

3.3.2　峰值应力与峰值应变变化规律

图 3.31 给出了水泥含量 3%，相对密度 0.7 时玄武岩纤维加筋水泥土的无侧限抗压强度、峰值应变、无侧限抗压强度增强因子，峰值应变增强因子的变化规律。由图 3.31(a)、图 3.31(b) 可知，纤维含量一定时，纤维长度为 9mm 时的无侧限抗压强度总体上更大，纤维长度为 6mm 时的峰值应变总体上更

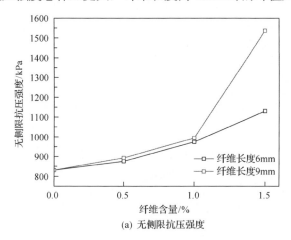

(a) 无侧限抗压强度

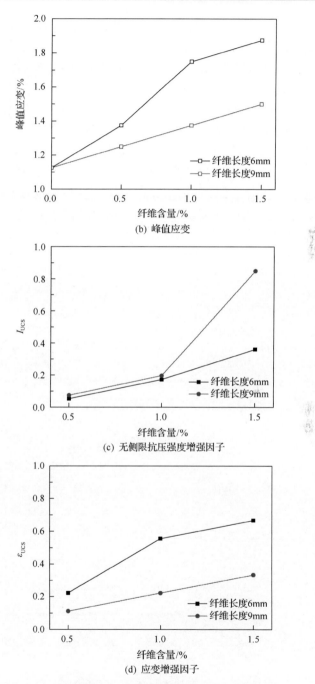

(b) 峰值应变

(c) 无侧限抗压强度增强因子

(d) 应变增强因子

图 3.31　不同纤维长度玄武岩加筋水泥土强化规律对比

大；由图 3.31(a)、图 3.31(b)还可知，纤维长度一定时，纤维含量增大，无
侧限抗压强度、峰值应变总体上均不断增大。由图 3.31(c)、图 3.31(d)可知，
纤维含量一定时，纤维长度为 9mm 时的无侧限抗压强度增强因子总体上更大，
纤维长度为 6mm 时的峰值应变增强因子总体上更大；由图 3.31(c)、图 3.31(d)
还可知，纤维长度一定时，纤维含量增大，无侧限抗压强度增强因子、峰值
应变增强因子总体上均不断增大。以上结果表明：纤维对无侧限抗压强度、
峰值应变的影响与纤维长度和纤维含量密切相关。

　　水泥固化砂土应力-应变关系曲线如图 3.32(a)所示、玄武岩纤维加筋水泥
固化砂土应力-应变关系曲线如图 3.32(b)所示。由图可以看出，所有的应力-
应变关系曲线均具有明显的峰值点，在峰后均发生了一定程度的应变软化，

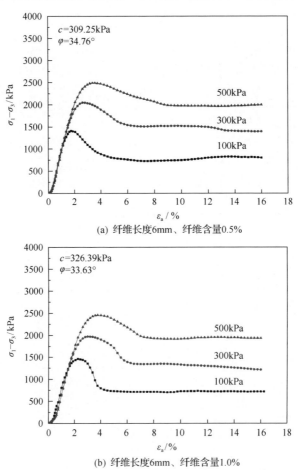

(a) 纤维长度6mm、纤维含量0.5%

(b) 纤维长度6mm、纤维含量1.0%

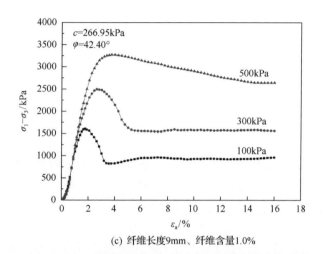

(c) 纤维长度9mm、纤维含量1.0%

图 3.32　玄武岩纤维加筋水泥土三轴试验应力-应变关系曲线

而后，随着应变增大，应力趋于稳定，达到试样的残余强度。与水泥固化砂土相比，在相同围压条件下，玄武岩纤维增强水泥固化砂土的峰值强度和残余强度明显提高，峰值应变也有一定程度的增大，残余应变和峰后应力损失均减小，应变软化程度降低。说明玄武岩纤维可优化水泥固化砂土受力结构，有效改善水泥固化砂土的剪切特性。图 3.33 则显示出其抗剪强度参数变化规律。

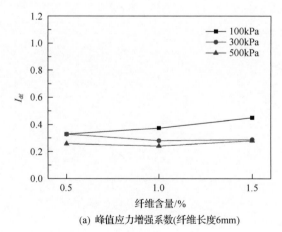

(a) 峰值应力增强系数(纤维长度6mm)

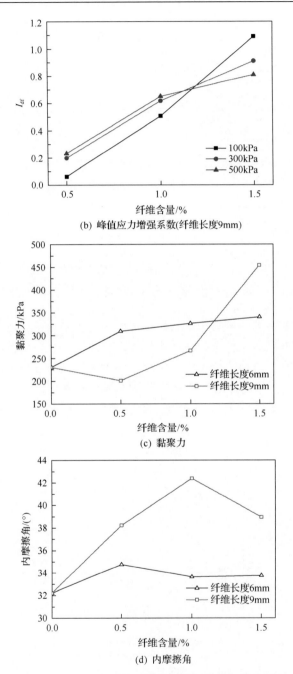

(b) 峰值应力增强系数(纤维长度9mm)

(c) 黏聚力

(d) 内摩擦角

图3.33 玄武岩纤维加筋水泥土抗剪强度参数关系曲线

3.3.3　残余强度变化规律

　　图 3.34 为玄武岩纤维加筋水泥土的峰值应力变化曲线，水泥含量 3%，相对密度 0.7。当纤维长度为 6mm 时峰值应力随纤维含量的增长并不明显，整体呈微弱下降趋势。从残余强度增长系数曲线看增长系数也随含量增长呈下滑趋势。当纤维长度为 9mm 时，在纤维含量为 1.0%时，残余强度达到最大峰值，此时残余强度增长系数也达到最大值。

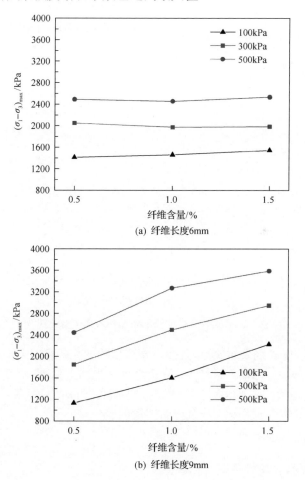

(a) 纤维长度6mm

(b) 纤维长度9mm

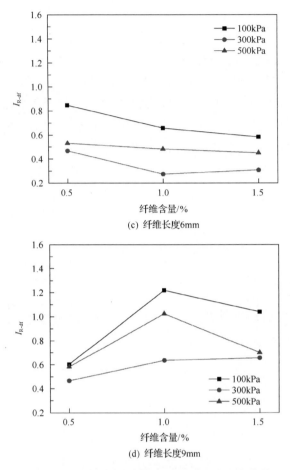

图 3.34　玄武岩纤维加筋水泥土残余强度变化曲线

　　图 3.35 给出了残余黏聚力、残余内摩擦角的变化规律。由图 3.35(a)可知，纤维长度 6mm 时，纤维含量增大，残余黏聚力先增大后减小，纤维长度 9mm 时，纤维含量增大，残余黏聚力增大。由图 3.35(b)可知，纤维长度分别为 6mm 及 9mm 时，纤维含量变化，残余内摩擦角的变化规律与上述残余黏聚力的变化规律一致。

3.3.4　刚度系数与脆性指数变化规律

　　刚度系数和脆性指数的变化规律如图 3.36 所示。由图可知，刚度系数及脆性指数的变化与纤维含量、纤维长度、围压密切相关，是三个因素耦合作用的结果。

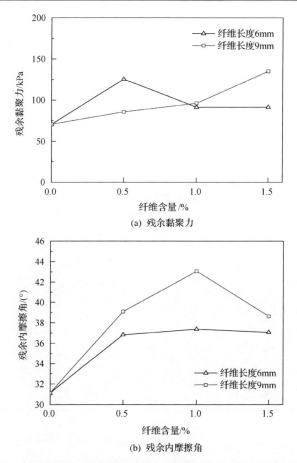

(a) 残余黏聚力

(b) 残余内摩擦角

图 3.35　玄武岩纤维加筋水泥土残余抗压强度因子关系曲线

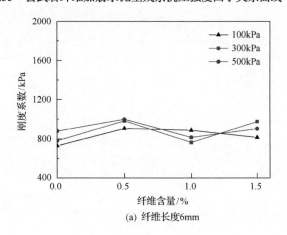

(a) 纤维长度6mm

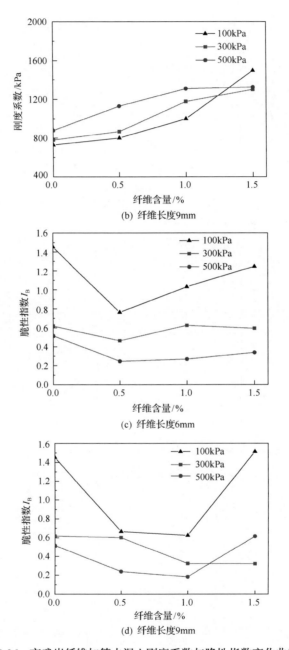

图 3.36　玄武岩纤维加筋水泥土刚度系数与脆性指数变化曲线

3.4　涤纶纤维加筋水泥土细观力学特征

对三种不同纤维含量的涤纶纤维加筋水泥土进行物相分析，衍射光谱如图 3.37 所示，物相变化曲线如图 3.38 所示，涤纶纤维加筋水泥土的主要物相组成见表 3.5，从衍射光谱中可以看出，与水泥砂土相比，加入涤纶纤维以后，水泥土物相组成几乎没有明显的变化。当涤纶纤维含量为 1.5% 时，石英所占含量为 79.47%，与水泥砂土中石英含量 79.44% 相比，仅增加了 0.03%。钠长石含量减少了 1.06%、方解石含量增加了 0.98%、钙矾石含量从 0.19% 上升到 0.24%。通过数据对比发现，加入涤纶纤维后对水泥砂土的物相组成并没有明显的改变。

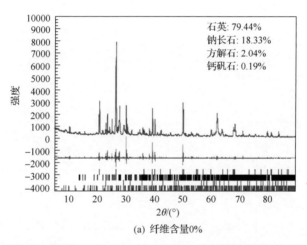

(a)　纤维含量0%

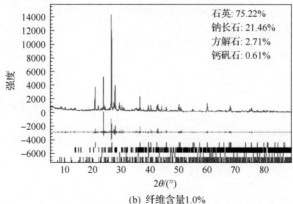

(b)　纤维含量1.0%

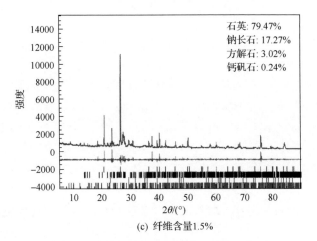

(c) 纤维含量1.5%

图 3.37 涤纶纤维加筋水泥土物相衍射光谱

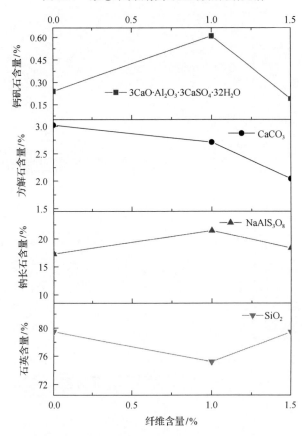

图 3.38 四种不同含量涤纶纤维加筋水泥土的物相变化曲线

表 3.5　涤纶纤维-水泥-砂土固后物相组成及含量

纤维类型	纤维含量/%	物相组成及含量/%			
		石英 SiO_2	钠长石 $NaAlSi_3O_8$	方解石 $CaCO_3$	钙矾石 $3CaO \cdot Al_2O_3 \cdot 3CaSO_4 \cdot 32H_2O$
涤纶	0	79.44	18.33	2.04	0.19
	1.0	75.22	21.46	2.71	0.61
	1.5	79.47	17.27	3.02	0.24

3.4.1　单轴破坏模式与应力-应变关系

对涤纶纤维加筋水泥土进行单轴压缩试验，破坏形貌如图 3.39 所示，从破坏裂隙可以发现，试样破坏过程中横向裂隙较多，在多组试样压缩试验中，仅试样Ⅲ的破坏特征符合塑性破坏，其余试样都表现为脆性破坏特征，从破坏形貌上看，涤纶纤维对水泥砂土的改良效果并不理想。

图 3.40 为涤纶纤维加筋水泥土的无侧限抗压强度的变化曲线，水泥含量

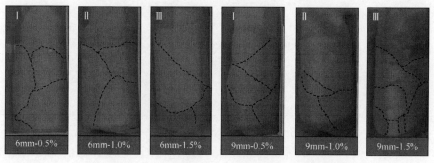

图 3.39　涤纶纤维加筋水泥土单轴压缩试验破坏形貌

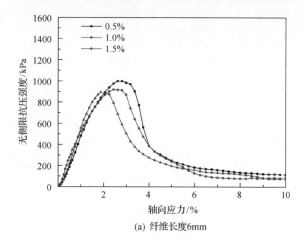

(a) 纤维长度6mm

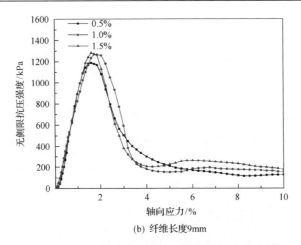

(b) 纤维长度9mm

图 3.40　涤纶纤维加筋水泥土无侧限抗压强度变化曲线

3%。从曲线上看，三条曲线变化趋势仅有微小的变化，几乎保持重合，因此可认为基体抗压强度随纤维含量增加，并没有明显的改变。通过两幅的对比发现，纤维长度为 9mm 时，曲线峰值强度要高于 6mm。说明当纤维长度为 9mm 时，基体的抗压强度要高于纤维长度为 6mm 时的基体的抗压强度。

3.4.2　峰值应力与峰值应变变化规律

图 3.41 给出了涤纶纤维加筋水泥土的无侧限抗压强度、峰值应变、无侧限抗压强度增强因子，峰值应变增强因子的变化规律。由图 3.41(a)、图 3.41(b)可知，纤维长度一定时，纤维含量增大，无侧限抗压强度、峰值应变均先增大后减小，且均在含量为 0.5%时达到最大值。由图 3.41(c)、图 3.41(d)可知，

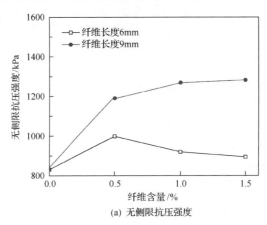

(a) 无侧限抗压强度

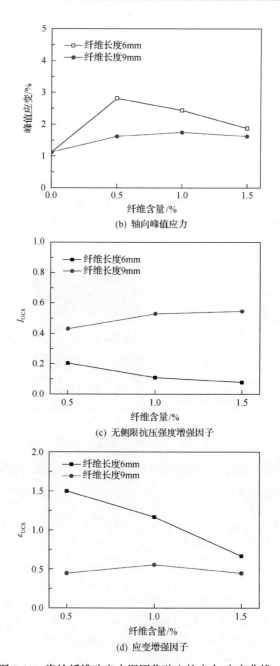

(b) 轴向峰值应力

(c) 无侧限抗压强度增强因子

(d) 应变增强因子

图 3.41　涤纶纤维改良水泥固化砂土的应力-应变曲线

纤维长度 6mm 时，纤维含量增大，无侧限抗压强度增强因子、峰值应变增强因子均减小；纤维长度 9mm 时，纤维含量增大，无侧限抗压强度增强因子增大、峰值应变增强因子先增大后减小。

3.4.3　三轴破坏模式与应力-应变关系

为了进一步探究涤纶纤维对水泥砂土的改良情况，将几组不同纤维含量、不同纤维长度的涤纶纤维加筋水泥土试样进行三轴压缩试验。观察每组试样的破坏形貌(图 3.42)。从图 3.42 中能看到纤维长度为 6mm 时，试样发生剪切的剪切面多沿着试样的斜截面或竖截面，破坏类型为塑性破坏，随纤维含量的增加，试样破坏时的裂隙增多。观察纤维长度为 9mm 时，横向裂隙增多，裂隙增多并向四周延展，破坏形式为脆性破坏，说明此时涤纶纤维的长度和含量都不适合改良水泥砂土。

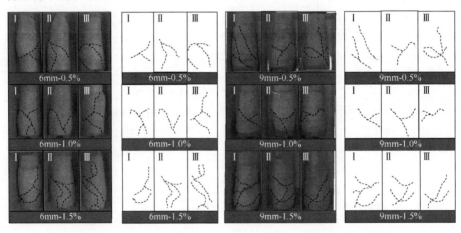

图 3.42　涤纶纤维加筋水泥土三轴压缩试验破坏细观破坏形貌

由图 3.43 可以看出，当纤维长度为 6mm 和 9mm 时，随着纤维含量增加，涤纶纤维改良水泥固化砂土的峰值应变先增加后减小，在纤维含量为 1.0%时，峰值应变分别达到最大值 2.0625%和 2.8125%，相较于水泥固化砂土峰值应变1.375%，增长幅度分别为 50%和 104.5%。当纤维长度为 9mm 时，随着纤维含量增高，峰值应变无明显变化。上述现象的原因在于，当纤维含量较小时，适当的增加纤维含量可以提高水泥固化砂土中纤维的分布量，增大纤维与水泥固化砂土间的黏结力和摩擦力，表现为无侧限抗压强度增大。但当纤维含量超过最优含量时，纤维与纤维之间的间距减小，甚至互相接触，不仅影响纤维与水泥固化砂土的接触，还在纤维与纤维接触的界面形成"弱结合面"，导致纤维和水泥固化砂土间的黏结力和摩擦力降低，表现为无侧限抗压强度减小。

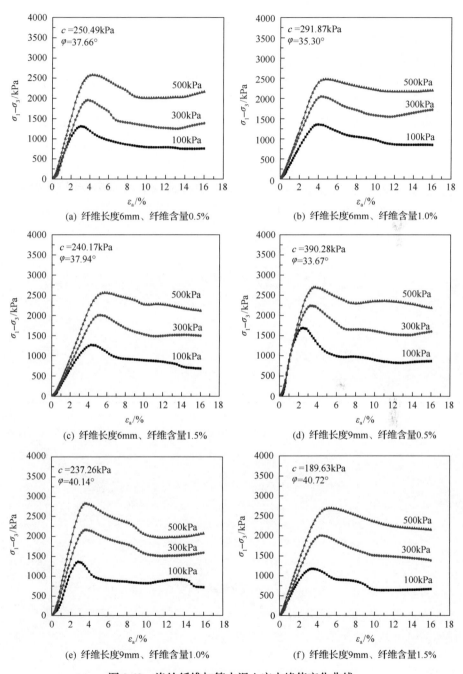

图 3.43　涤纶纤维加筋水泥土应力峰值变化曲线

3.4.4　残余强度变化规律

　　纤维含量、纤维长度影响下残余强度变化规律如图 3.44 所示。由图 3.44（a）、图 3.44（b）对比可知，当纤维长度一定时，随围压的升高，涤纶纤维加筋水泥土的残余强度有明显的升高。在同等围压下，两组不同纤维长度的纤维加筋土的残余强度随纤维含量的增加都成平稳变化趋势，在最优围压 500KPa 条件下，纤维长度为 6mm、纤维含量为 1.5%时有最小残余强度 2036.3KPa；纤维长度为 9mm、纤维含量 0.5%时有最大残余强度 2195.88KPa。由此可得出结论，在 6mm 和 9mm 纤维长度下，纤维加筋土的残余强度受围压影响较大，受纤维含量的影响作用并不明显。

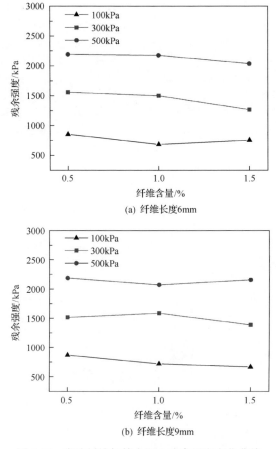

图 3.44　涤纶纤维加筋水泥土残余强度变化曲线

图 3.45 则显示出残余应变增强因子、残余黏聚力、参与内摩擦角的变化规律。由图 3.45(a)、图 3.45(b)可知，残余应变增强因子的变化是围压、纤维含量、纤维长度共同作用的结果，不同围压、纤维含量、纤维长度组合下，其变化规律不同。由图 3.45(c)、图 3.45(d)可知，纤维长度为 6mm 时，纤维含量增大，残余黏聚力无明显变化规律，在纤维含量为 0.5%时出现最大值，残余内摩擦角先增大后减小，在纤维含量为 1.0%时出现最大值；纤维长度为 9mm 时，纤维含量增大，残余黏聚力先增大后减小，残余内摩擦角无明显变化规律。

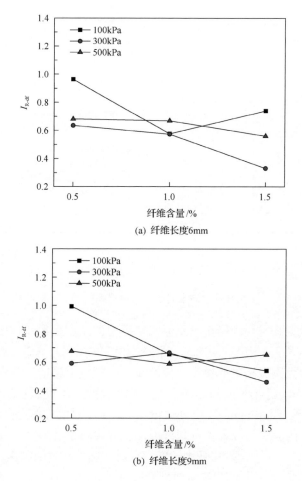

(a) 纤维长度6mm

(b) 纤维长度9mm

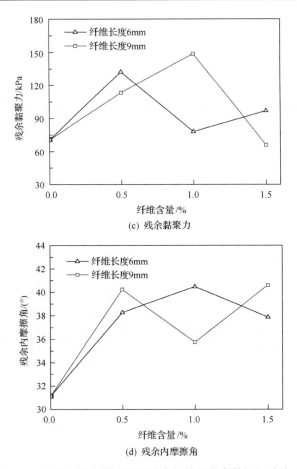

(c) 残余黏聚力

(d) 残余内摩擦角

图 3.45　涤纶纤维加筋水泥土残余抗剪强度参数间相关关系

　　纤维含量、纤维长度影响下水泥固化砂土的刚度系数及脆性指数的变化规律如图 3.46 所示。由图 3.46(a)、图 3.46(b) 可知，纤维含量、纤维长度一定时，刚度系数随围压增大而增大，说明试样的抵抗变形能力随围压的增大而提高；围压一定，纤维长度 6mm 时，纤维含量增大，刚度系数先减小后增大，围压一定，纤维长度 9mm 时，纤维含量增大，刚度系数总体上先增大后减小，说明刚度系数的变化与纤维含量和纤维长度的共同作用相关。由图 3.46(c)、图 3.46(d) 可知，纤维含量和纤维长度一定时，脆性指数随围压增大而减小，说明试样的破坏模式由脆性破坏向延性破坏的可能性提高；由图 3.46(c)、图 3.46(d) 还可知，纤维含量或纤维长度一定时，纤维加筋水泥固化砂土的脆性指数均低于水泥固化砂土的脆性指数，说明纤维的加入对促进水泥固化砂土由脆性破坏向延性破坏转变具有重要作用。

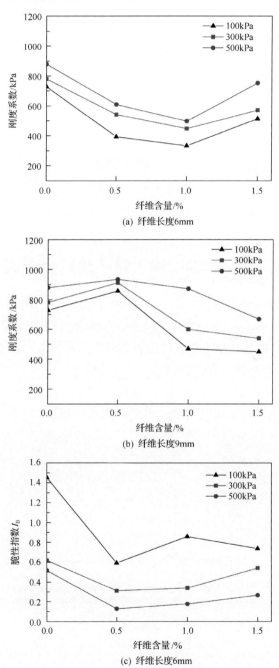

(a) 纤维长度6mm

(b) 纤维长度9mm

(c) 纤维长度6mm

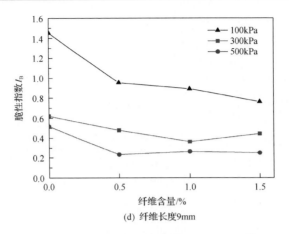

(d) 纤维长度9mm

图 3.46　涤纶纤维水泥固化砂土刚度系数与脆性指数变化规律

3.5　丙纶纤维加筋水泥土细观力学规律

丙纶纤维(聚丙烯纤维)加筋水泥土是目前为数不多的投入实际工程使用的一类纤维加筋水泥土。本节对纤维加筋土的固化后的物相转换及其无侧限抗压强度、应力-应变关系等特性进行更加微观,更加深入系统的分析。

通过采用布鲁克D8ADVANCE型X射线衍射仪对丙纶纤维加筋水泥土进行物相成分分析,四种不同含量(0%、0.5%、1.0%、1.5%)丙纶纤维加筋水泥土X射线衍射光谱如图 3.47 所示。物相组成及含量见表 3.6。从衍射光谱和

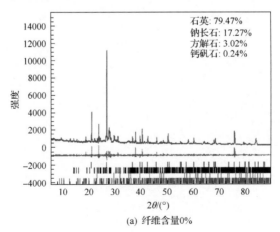

(a) 纤维含量0%

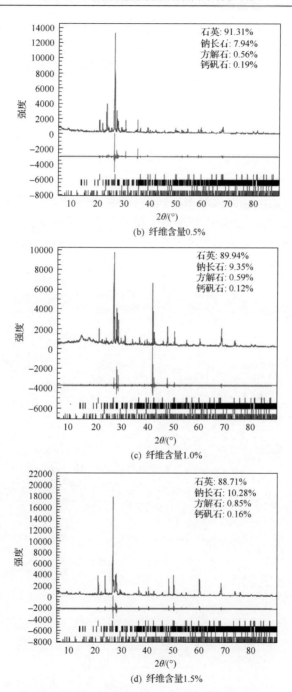

(b) 纤维含量0.5%

(c) 纤维含量1.0%

(d) 纤维含量1.5%

图 3.47 丙纶纤维加筋水泥土 X 射线衍射光谱

表3.6　丙纶纤维加筋水泥土固后物相组成及含量

纤维类型	纤维含量/%	物相组成及含量/%			
		石英 SiO$_2$	钠长石 NaAlSi$_3$O$_8$	方解石 CaCO$_3$	钙矾石 3CaO·Al$_2$O$_3$·3CaSO$_4$·32H$_2$O
丙纶纤维	0	79.47	12.27	3.02	0.24
	0.5	91.31	7.94	0.56	0.19
	1.0	89.94	9.35	0.59	0.12
	1.5	88.71	10.28	0.85	0.16

统计表 3.6 中可以看出，水泥砂土加入丙纶纤维后，水泥砂土中主要成分石英砂含量明显增加，由 79.47%增长到 91.31%，随着丙纶纤维含量的增加，石英含量稍有下降，但丙纶纤维含量为 1.5%时，石英含量仍为 88.71%。随着石英含量的大幅增加，其他三种物相含量皆大幅降低。图 3.48 给出了四种不同含量丙纶纤维加筋水泥土的物相变化曲线。

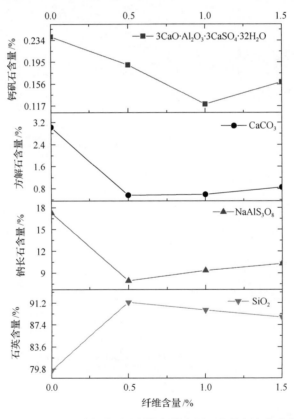

图 3.48　四种不同含量丙纶纤维加筋水泥土的物相变化曲线

3.5.1　单轴破坏模式与应力-应变关系

对不同纤维含量与不同纤维长度的丙纶纤维加筋水泥土进行单轴压缩试验，其破坏形貌如图 3.49 所示，通过几组试样的对比得知，几组试样破坏都是沿着试样的斜截面发生的，其中纤维长度为 6mm，纤维含量为 1.5%的试样破坏曲线十分规整，沿着试样的斜截面产生一条破坏裂隙，没有其他的多余裂隙。说明此时的丙纶纤维对水泥砂土的改良效果达到最优。其他几组试样有少许的横向裂隙与小裂隙，整体也呈塑性破坏状态。

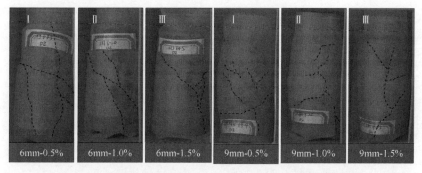

图 3.49　丙纶纤维加筋水泥土单轴压缩试验破坏细观形貌

图 3.50 为丙纶纤维的无侧限抗压强度与轴向应力之间的关系曲线，水泥含量 3%，相对密度 0.70 通过分析基体的无侧向抗压强度，能够非常直观地了解到纤维对水泥砂土进行改良后，基体的抗压强度是否有明显的提升。从

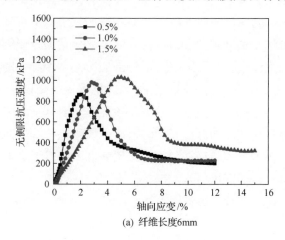

(a) 纤维长度6mm

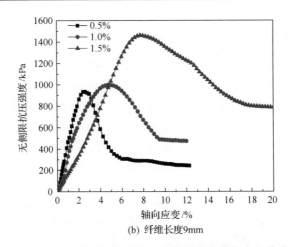

(b) 纤维长度9mm

图3.50　丙纶纤维加筋水泥土无侧限抗压强度变化曲线

图3.50中可以看到，随着轴向应力的增大，无侧限抗压强度的峰值逐渐提高，并且强度峰值出现的位置明显后移。纤维长度为9mm，纤维含量为1.5%的曲线提升效果尤为明显。曲线规律与棉麻纤维加筋水泥土的无侧限抗压强度曲线十分类似。这说明两种纤维对水泥砂土的改良效果都十分显著。

3.5.2　峰值应力与峰值应变变化规律

图3.51所示为水泥含量3%，相对密度0.70时两种不同纤维长度的丙纶纤维加筋水泥土的无侧限抗压强度、峰值应变、无侧限抗压强度增强因子，峰值应变增强因子的变化规律。由图3.51(a)、图3.51(b)可知，纤维长度一定时，在本研究给定的纤维含量范围内，纤维含量增大，无侧限抗压强度、峰值应变不断增大，并且，纤维长度为9mm时上述两个参数的实测值均高于纤维长度为6mm时的实测值，说明9mm的纤维改良效果更好。由图3.51(c)、图3.51(d)可知，纤维长度一定时，在本研究给定的纤维含量范围内，纤维含量增大，无侧限抗压强度增强因子、峰值应变增强因子均不断增大，说明纤维对无侧限抗压强度、峰值应变的增强作用随纤维含量增大而提高。以上结果表明，为更好地发挥纤维对水泥固化砂土强度及变形特性地改良作用，应着重考虑不同纤维含量和纤维长度组合的影响。

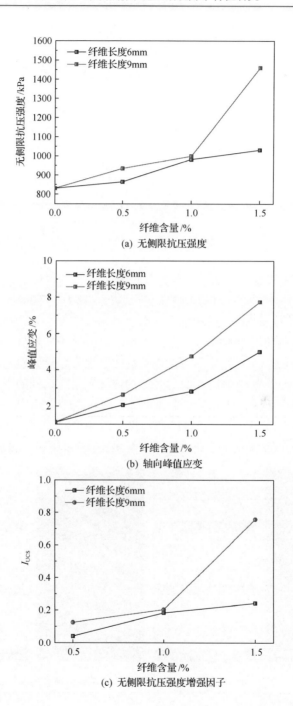

(a) 无侧限抗压强度

(b) 轴向峰值应变

(c) 无侧限抗压强度增强因子

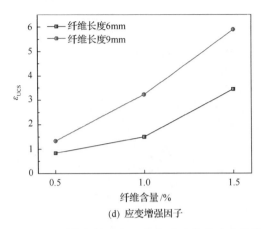

(d) 应变增强因子

图 3.51　丙纶纤维加筋水泥土应力-应变峰值变化曲线

　　对丙纶纤维进行三轴压缩试验，获取基体在不同围压下、几种纤维长度和几种纤维含量不同组合时的无侧限抗压强度、应力-应变峰值变化规律以及残余强度等特性。

　　图 3.52 为丙纶纤维加筋水泥土三轴压缩试验后破坏形貌,通过观察得知,当纤维长度为 6mm 时,三种不同含量的试样发生破坏时的破坏形貌仅有微小的差别,纤维含量为 0.5%时,裂隙开始的位置发生在试样的中部,并延伸出几条裂隙,向下开裂。纤维含量为 1.0%时,裂隙发生的位置在距离顶面 1/5 处,产生三条斜向下的裂隙,符合塑性破坏时的形貌特征。当纤维含量增加到 1.5%时,破坏形貌发生改变,主要破坏是由横向裂隙引发的。此时基体的

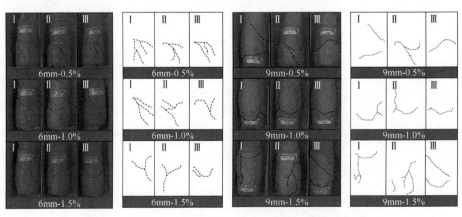

图 3.52　丙纶纤维加筋水泥土三轴压缩试验破坏后细观形貌

破坏模式由塑性破坏向脆性破坏转变。从纤维长度为 9mm 时的破坏形貌上看，试样上的裂隙主要为横向裂隙，破坏形状十分不规律，破坏类型属于脆性破坏，此时改良效果并不理想。

3.5.3　三轴破坏模式与应力-应变分析

丙纶纤维加筋水泥土应力-应变关系曲线如图 3.53 所示，水泥含量 3.0%，相对密度 0.70。从图中可以看到所有的应力-应变关系曲线均具有明显的峰值点，在峰后均发生了一定程度的应变软化，而后，随着应变增大，应力趋于稳定，达到试样的残余强度。与水泥固化砂土相比，在相同围压条件下，玄武岩纤维增强水泥固化砂土的峰值强度和残余强度明显提高，峰值应变也有一定程度的增大，残余应变和峰后应力损失均减小，应变软化程度降低。

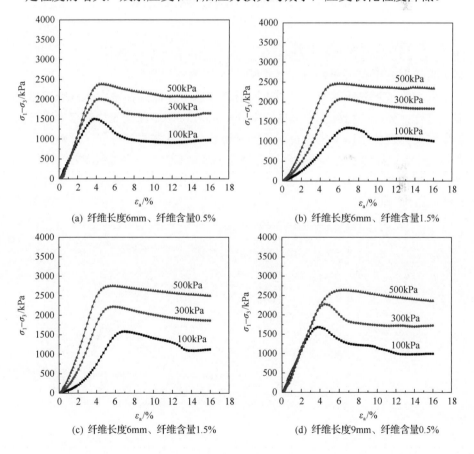

(a) 纤维长度6mm、纤维含量0.5%

(b) 纤维长度6mm、纤维含量1.5%

(c) 纤维长度6mm、纤维含量1.5%

(d) 纤维长度9mm、纤维含量0.5%

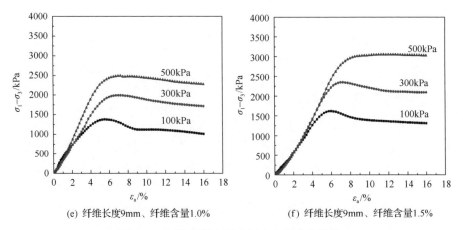

(e) 纤维长度9mm、纤维含量1.0%　　　　　　(f) 纤维长度9mm、纤维含量1.5%

图 3.53　丙纶纤维加筋水泥土应力变化曲线

3.5.4　抗剪强度参数变化规律

　　为了探究丙纶纤维加筋水泥土固后的基体抗拉强度，根据莫尔–库仑公式，采用莫尔圆包线的方法，对不同纤维含量下基体的黏聚力和内摩擦角的数值进行计算，并绘制成变化曲线图(图 3.54)。通过曲线变化趋势来看，两条曲线变化规律相差不大，说明不同纤维长度对基体的抗剪强度影响并不明显。当纤维含量增大时，基体黏聚力呈上下波动状变化，在 0.5%时达到最大。基体内摩擦角随纤维含量的增大逐渐增大，纤维长度为 9mm、纤维含量为1.5%时达到 40.2°。

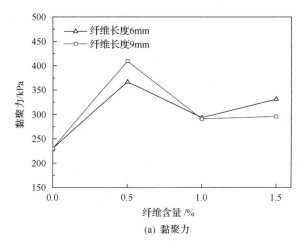

(a) 黏聚力

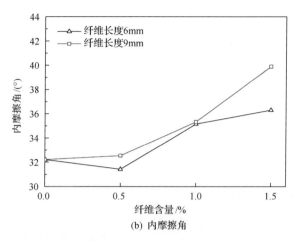

(b) 内摩擦角

图 3.54　丙纶纤维加筋水泥土抗剪强度因子变化曲线

3.5.5　残余强度变化规律

图 3.55 为丙纶纤维加筋水泥土的残余强度与残余强度增强指数变化曲线。在三种不同围压下，纤维长度为 6mm 时，基体残余强度随纤维含量的增加也有较缓的提高。在纤维长度为 9mm 时，残余强度在纤维含量为 0.5%～1.0%阶段稍有下降，随后便逐渐增大。采用残余强度增强指数作为判断基体残余强度的增长速率指标。曲线变化趋势与残余强度的增长趋势十分类似。随纤维含量的增加，残余强度增强指数也大体呈增长趋势。

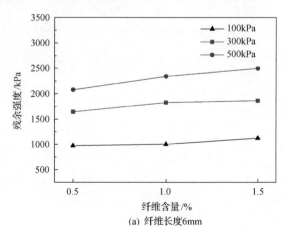

(a) 纤维长度6mm

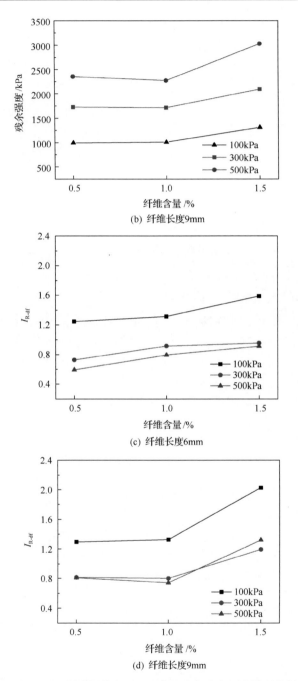

(b) 纤维长度9mm

(c) 纤维长度6mm

(d) 纤维长度9mm

图 3.55　丙纶纤维加筋水泥土残余强度与残余强度增强指数

3.5.6　残余抗剪强度参数变化规律

丙纶纤维加筋水泥土的残余黏聚力和残余内摩擦角变化曲线如图 3.56 所示，与基体未破坏前的黏聚力与内摩擦角相比，基体的黏聚力大幅度减小，内摩擦角有所增大。不同纤维长度下，黏聚力和内摩擦角的变化规律与没破坏前相类似。纤维长度为 9mm 时的黏聚力与纤维长度为 6mm 时的黏聚力相差并不明显。并且黏聚力整体随纤维含量的增大而呈上升趋势，在纤维含量为 1.0%～1.5%阶段趋于稳定。6mm 时在纤维含量为 0.5%时达到峰值192.5kPa。内摩擦角在纤维长度为 9mm 时，上下起伏，在纤维含量为 1.5%时得到最大值44.2°，纤维长度为 6mm、纤维含量为 1.5%时得到最大值39.8°。

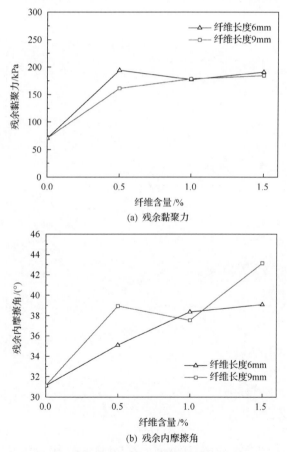

(a) 残余黏聚力

(b) 残余内摩擦角

图 3.56　丙纶纤维加筋水泥土残余抗剪强度参数变化规律

　　图 3.57 为刚度为 50%时基体的抗拉强度变化规律曲线,纤维长度为 6mm时,抗拉强度随纤维含量的增长呈下降趋势,在纤维含量为 1.0%处出现最低值 197.8kPa(围压 100kPa)。在纤维含量为 1.0%～1.5%阶段略有回升,但增长幅度并不明显。纤维长度为 9mm 时,曲线整体的变化趋势与 6mm 时类似,但在纤维含量为 0%～1.0%阶段。下降幅度比 6mm 时稍缓。在纤维含量为 1.0处最低值为 387.5kPa(围压 100kPa)。在纤维含量为 1.0%～1.5%阶段的上升幅度也相对明显。通过曲线对比分析可知,纤维长度在 9mm 时基体的抗拉强度要优于 6mm 时的抗拉强度。

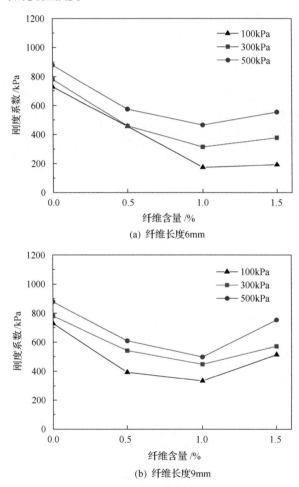

(a) 纤维长度6mm

(b) 纤维长度9mm

图 3.57　丙纶纤维加筋水泥土刚度系数变化曲线

3.5.7　脆性指数变化规律

从图 3.58 中可以看出，经过丙纶纤维改良后，水泥砂土脆性指数随纤维含量的增加而逐渐降低，基体的破坏类型也由脆性向延性逐渐过渡，发生脆性破坏的可能性变小。

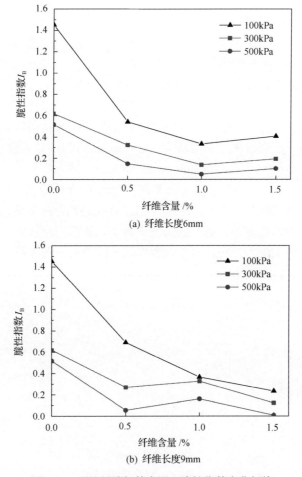

(a) 纤维长度6mm

(b) 纤维长度9mm

图 3.58　丙纶纤维加筋水泥土脆性指数变化规律

3.6　不同基质纤维加筋水泥土细观力学分析

3.6.1　典型应力-应变曲线

从纤维改良水泥固化砂土中总结得到典型应力-应变关系曲线，如图 3.59 所示。由图 3.59 可知，典型应力-应变关系曲线可分为 5 个阶段，分别为压密阶段(OA)、线弹性变形阶段(AB)、裂纹萌生、发育、贯通阶段(BC)，峰后应力损失阶段(CD)、残余阶段(DE)。在 OA 段，曲线向下凹曲，试样内部原有的裂隙、空洞在荷载作用下闭合，在 AB 段，试样内部产生次生裂隙并稳定发育，曲线近似为直线，在 BC 段，裂隙非稳定发育，逐渐连通，在 C 点达到峰值，在 CD 段，应力-应变关系曲线斜率为负，出现应变软化，试样积累永久变形，裂隙进一步连通，形成剪切破裂面，在 DE 段，试样沿剪切破裂面相对滑移，应变增大，应力逐渐稳定，最终稳定(残余强度)。对比改良前后水泥固化砂土的应力-应变曲线可知，改良后，水泥固化砂土在压密阶段结束时对应的应变增大，线弹性变形阶段的应力-应变曲线斜率降低，应力增长幅度变小，裂纹萌生、发育，裂纹贯通时对应的轴向应变增大，峰值强度提高，峰后应力跌落速率降低，应力损失减小，残余强度提高。说明纤维可优化水泥固化砂土受力结构，有效改善水泥固化砂土的强度和变形特性。

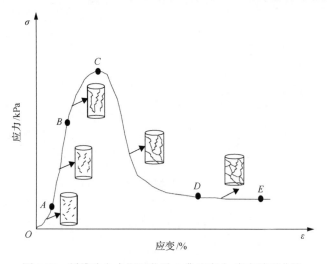

图 3.59　纤维改良水泥固化砂土典型应力-应变关系曲线

3.6.2　强度参数内在联系

五种纤维改良水泥固化砂土的无侧限抗压强度参数相关关系曲线如图 3.60 所示，黏聚力残余黏聚力相关关系如图 3.61 所示，内摩擦角和残余内摩擦角

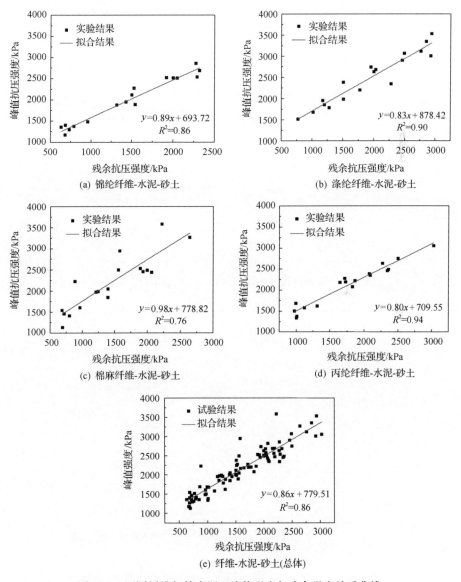

图 3.60　不同纤维加筋水泥土峰值强度与残余强度关系曲线

相关关系如图 3.62 所示。由图 3.60 可知，各类型纤维改良水泥固化砂土峰值
强度与残余强度间呈线性相关，相关系数均在 0.75 以上，总体相关系数为 0.86。
由图 3.61 和图 3.62 可知，黏聚力与残余黏聚力、内摩擦角与残余内摩擦角呈
非线性相关，相关系数均为 0.75。由相关系数可知，本次研究中强度参数相
关关系可靠，能为纤维改良水泥固化砂土强度参数预测提供依据，为建立纤
维改良水泥固化砂土本构关系数学模型提供重要依据。

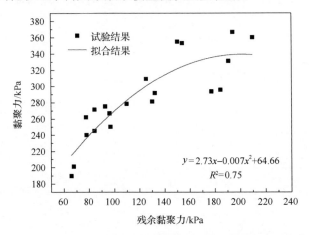

图 3.61　不同纤维加筋水泥土黏聚力与残余黏聚力关系曲线

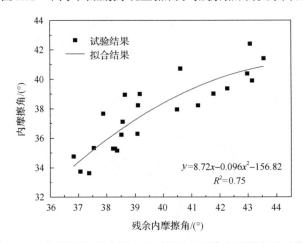

图 3.62　不同纤维加筋水泥土内摩擦角与残余内摩擦角关系曲线

第4章 纤维加筋水泥土固结强度规律研究

4.1 纤维含量对加筋水泥土强度影响研究

4.1.1 不同纤维含量加筋水泥土细观力学规律

以玄武岩纤维为例，主要进行室内单轴压缩试验和大型三轴直剪试验，对不同纤维含量对加筋水泥土强度的影响变化规律进行研究。试验中玄武岩纤维含量分别为0.0%、0.25、0.5%、0.75、1.0%、1.25%，水泥含量为3.0%，含水率为15.2%，相对密度为0.70，干密度为1.62kN/m³，养护时间14天[46,47]。

1. 单轴压缩试验

图4.1为玄武岩加筋水泥土基体单轴压缩破坏形貌，由图4.1可知，基体具有明显的脆性破坏特征，试样表面布满不规则竖向、横向分布裂纹，试验过程中，竖向裂纹先萌生、发育，直至贯通试样上下表面，而后，横向裂纹萌生、发育，与竖向裂纹相交，最终试样破坏。

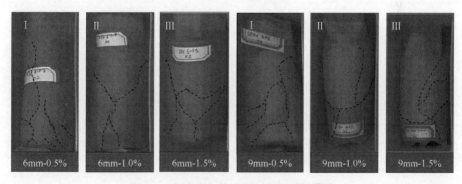

图4.1 玄武岩加筋水泥土细观破坏模式

图4.2为三种不同纤维含量(0.5%、1.0%、1.5%)在水泥含量3%、两种纤维长度(6mm、9mm)情况下，无侧限抗压强度与轴向应变之间的关系曲线。从两幅曲线图的对比来看，当纤维长度一定时，随着纤维含量的不断增加，

基体的极限抗压强度逐渐增大，并且曲线峰值出现的位置也逐渐沿横轴向后移动，这说明随着纤维含量的增加，纤维加筋水泥土的抗压强度逐渐增强，脆性变形逐渐转为塑性变形。对比两种不同纤维长度情况下，纤维长度较长（9mm）时，曲线峰值越高，抗压强度越大。

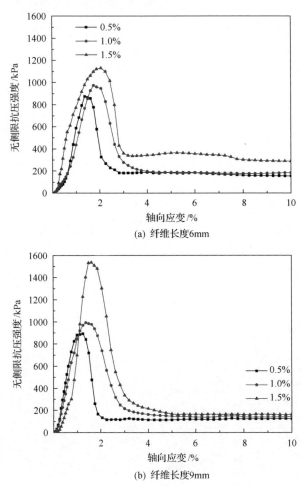

图 4.2　玄武岩加筋水泥土应力-应变关系

2. 三轴直剪试验

图 4.3 为三轴试验纤维加筋水泥土细管破坏示意图，三轴试验结果如图 4.4 所示，由图 4.4 可以看出，所有的应力-应变关系曲线均具有明显的峰值点，

在峰后均发生了一定程度的应变软化，而后，随着应变增大，应力趋于稳定，达到试样的残余强度。与水泥固化砂土相比，在相同围压条件下，玄武岩纤维增强水泥固化砂土的峰值强度和残余强度明显提高，峰值应变也有一定程度的增大，残余应变和峰后应力损失均减小，应变软化程度降低。说明玄武岩纤维可优化水泥固化砂土受力结构，有效改善水泥固化砂土的剪切特性。图 4.3 为玄武岩纤维加筋水泥土细观破坏模式展示。

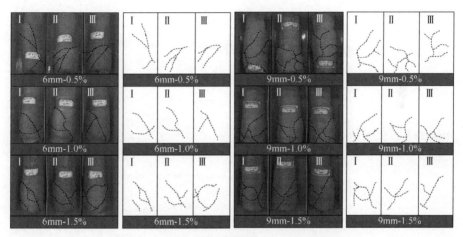

图 4.3　玄武岩纤维加筋水泥土细观破坏模式

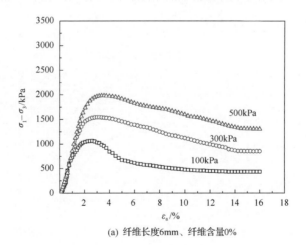

(a) 纤维长度6mm、纤维含量0%

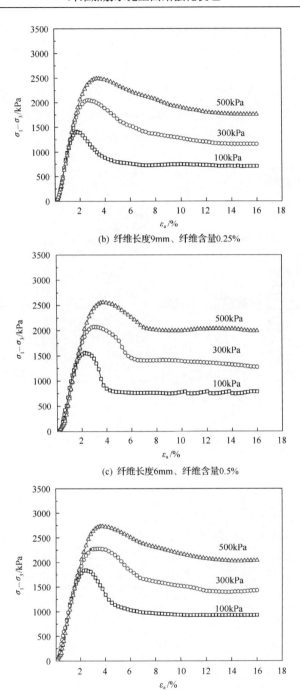

(b) 纤维长度9mm、纤维含量0.25%

(c) 纤维长度6mm、纤维含量0.5%

(d) 纤维长度9mm、纤维含量0.75%

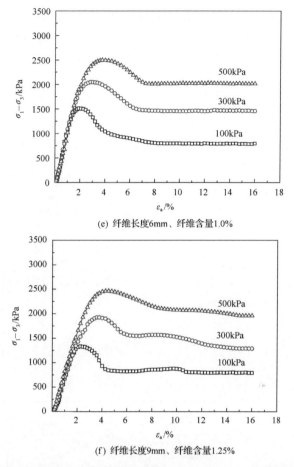

(e) 纤维长度6mm、纤维含量1.0%

(f) 纤维长度9mm、纤维含量1.25%

图 4.4　不同含量玄武岩纤维加筋水泥土的应力-应变关系曲线

　　水泥固化砂土在外荷载作用下常常发生脆性破坏，表现为在应变很小的条件下就达到峰值强度。Consoli 等[48,49]的研究结果表明，纤维的掺入可改变水泥固化砂土的破坏模式，使其由脆性破坏向延性破坏转变。本章节通过引入 Consoli 等[50,51]提出的脆性指标，定量评价玄武岩纤维对水泥固化砂土破坏模式的影响。

$$I_{B} = \frac{q_{\max}}{q_{\text{res}}} - 1 \tag{4.1}$$

式中，I_{B} 为脆性指数；$q_{\max}$ 为抗剪强度；q_{res} 为残余抗剪强度。不同玄武岩纤维含量、不同围压条件下的脆性指数变化规律如图 4.5 所示。由图 4.5 可知，当围压相同时，随着纤维含量增大，脆性指数总体上不断减小，当纤维含量相同时，随着围压增大，脆性指数也不断减小。脆性指数变化规律与 Saman 和 Asskar[52]及 Menbari[53]的研究结果一致。纤维掺入后，脆性指数减小，说明玄武岩纤维可改变水泥固化砂土破坏模式，使其由脆性向延性转变。此外，脆性指数实际上也反映了峰后应力损失程度，脆性指数越大，应力损失越大。纤维掺入后，脆性指数减小，表明应力损失减小，这与应力-应变关系曲线特征符合，也说明玄武岩纤维可改善水泥固化砂土的峰后力学特性。

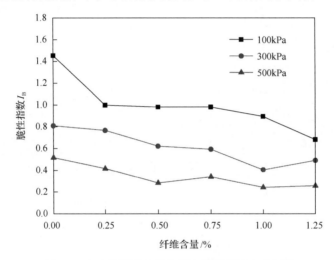

图 4.5　玄武岩纤维加筋水泥土脆性指数变化规律

4.1.2　不同纤维含量加筋水泥土微观形貌研究

三轴试验结果表明，随着纤维含量增加，黏聚力和残余黏聚力均先增加后减小。主要原因在于，纤维随机分布在水泥固化砂土中，当纤维含量较小时，增大纤维含量，增大了纤维与水泥固化砂土的接触面积，使得界面作用增强，但当纤维含量过高时，纤维之间会发生重叠，由于纤维之间的黏结和摩擦作用小于纤维与水泥固化砂土之间的黏结和摩擦作用，导致界面作用降低，表现为黏聚力和残余黏聚力降低，在纤维聚集、重叠区域形成潜在剪切滑移面，在剪力作用下，试样沿潜在滑移面发生剪切破坏[图 4.6(a)]。另外，随着纤维含量增加，具有"桥梁"作用的纤维数目增多，使得"桥梁"作用增强，试样由脆性向延性转化程度提高，表现为纤维含量增加，脆性指数不断减小。

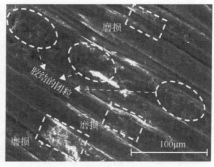

(a) 剪切滑移轨迹　　　　　　　(b) 滑移后纤维的表面磨损及团粒分布

图 4.6　玄武岩纤维剪切滑移导致界面作用失效

　　分别在与剪切滑移面平行方向和呈一定角度方向提取电镜扫描试样，从细观角度研究剪切滑移面上的界面作用失效模式。纤维端部拔出导致界面作用失效见图 4.7。由图 4.7(a) 可知，当纤维与剪切滑移面平行时，在剪应力作用下，纤维滑移导致界面作用失效。由图 4.7(b) 可知，滑移后的纤维表面发生了局部磨损，附着一定量的团粒及水泥水化产物，说明滑移破坏了纤维与水化产物及砂土颗粒间的黏结和摩擦。由图 4.8(a) 可知，当纤维与滑移面呈一定角度时，在剪应力作用下，纤维端部拔出导致界面作用失效。由图 4.8(b) 可知，纤维局部断裂，纤维之间开裂，在纤维端部，残留少量的团粒，说明端部拔出即破坏了纤维与水化产物及砂土颗粒间的黏结和摩擦，又在拉应力的作用下破坏了纤维之间的黏结。上述结果表明，界面作用的失效模式与纤维的分布形式密切相关。

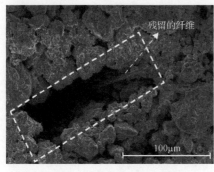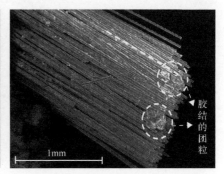

(a) 端部拔出后形成的孔洞和残留的纤维　　　　(b) 拔出后纤维的表面磨损及团粒分布

图 4.7　纤维端部拔出导致界面作用失效

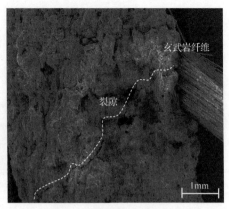

(a) 玄武岩纤维的剪切破坏(纤维含量1.25%)　　　　(b) 玄武岩纤维的"桥接"效应

图 4.8　玄武岩纤维加筋水泥土的剪切破坏(纤维含量 1.25%)及玄武岩纤维的"桥接"效应

4.2　纤维细长比对加筋水泥土强度改变的研究

4.2.1　不同细长比加筋水泥土细观力学规律

以涤纶纤维为例,主要进行室内单轴压缩试验和大型三轴直剪试验,对不同纤维细长比对加筋水泥土强度的影响变化规律进行研究。试验中涤纶纤维长度选取 6mm 和 9mm 两组试样。水泥含量为 3.0%,含水率为 15.2%,相对密度为 0.70,干密度为 $1.62kN/m^3$。

图 4.9 为涤纶纤维加筋水泥土的无侧限抗压强度的变化曲线,从整天曲线

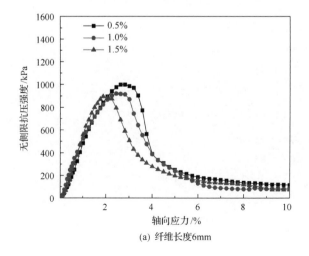

(a) 纤维长度6mm

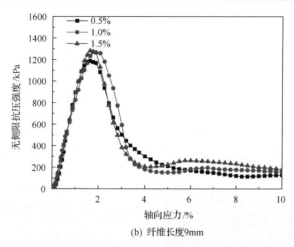

(b) 纤维长度9mm

图 4.9　涤纶纤维加筋水泥土无侧限抗压强度变化曲线

上看，纤维长度分别在 6mm、9mm 条件下，改变纤维含量（0.5%、1.0%、1.5%）对纤维加筋水泥土的无侧限抗压强度有一定影响，当纤维长度为 6mm 时，随着纤维含量的增加，曲线峰值呈下降趋势，即在 6mm 长度条件下，纤维含量为 0.5%时，有最大峰值，为 1000kPa；当纤维长度为 9mm 时，随着纤维含量的增加，峰值大小呈上升趋势，即在 9mm 长度条件下，纤维含量为 1.5%时有最大峰值，为 1300kPa。

4.2.2　不同细长比加筋水泥土微观形貌研究

通过对不同长度涤纶纤维改良水泥砂土进行三轴压缩试验，得出纤维不同细长比对水泥砂土改良效果的影响效果与机理。试验结果表明，在合理范围内，纤维的长度越大，细长比越小时，纤维的抗拉强度和抗压强度有所提高，主要原因是，纤维长度增加，增大了与水泥砂土的接触面积，与水泥砂土的黏结力和内摩擦力增大，增大界面作用。并且较长的纤维使"桥梁"作用更为明显[54]。但纤维长度不应过长，纤维长度过长，使得纤维单丝之间相互交错，容易形成潜在滑动面，造成水泥砂土在受到外界荷载时，发生剪切破坏。

分别在与剪切滑移面平行方向和呈一定角度方向提取电镜扫描试样，从细观角度研究剪切滑移面上的界面作用失效模式。图 4.10 为涤纶纤维与水泥砂土固化后的微观形貌，可以看出此时纤维单丝分散，与水泥砂土以嵌入或插入的形式结合在一起，单丝覆满水泥砂土结晶颗粒，起到连接水泥砂土各组分的作用。

图 4.11 为涤纶加筋水泥土发生剪切破坏后的微观形貌，当基体受到轴向应力或剪切力时，基体在集中应力的作用下产生裂隙，并不断扩散，基体内部纤维受到拉扯，发生滑移或断裂导致界面作用失效。滑移后的纤维表面发生了局部磨损，附着一定量的团粒及水泥水化产物，说明滑移破坏了纤维与水化产物及砂土颗粒间的黏结和摩擦。纤维局部断裂，纤维之间开裂，在纤维端部，残留少量的团粒[55]。

图 4.10　涤纶纤维加筋水泥土微观形貌

图 4.11　涤纶纤维加筋水泥土破坏后微观形貌

4.3　纤维加筋水泥土固结强度影响研究

通过在水泥砂土中添加一定含量的纺织纤维来提高水泥砂土的抗压、抗拉性能，掺入纤维后，经过养护干燥，加筋水泥砂土逐渐固结，在固结过程中，纤维与水泥砂土进行一定的物质转化，并以一定的方式进行联结，从而达到改良增强的效果。

水泥固化砂土中水泥水化过程如图 4.12 所示，玄武岩纤维、水泥、砂土结合方式如图 4.12(b) 所示。由图 4.12(b) 可知，养护 3 天时，水化物呈芽状黏着在砂土颗粒表面，颗粒间的孔隙开始被晶体所填充。根据晶体的形态判断，这一阶段晶体以三硫型水化硫铝酸钙(AFt)为主。由图 4.12(c) 可知，养护 14 天时，晶体进一步生长，开始有絮状及片状水化物生成，晶体以水化硅酸钙(C—S—H)和 $Ca(OH)_2$ 为主[56]，水化物之间相互搭接、黏结，砂土颗粒间的孔隙进一步被填充。玄武岩纤维、水泥、砂土的结合方式如图 4.12(d) 所示。综合水泥固化砂土中水泥水化过程及图 4.12(d) 可知，在玄武岩纤维增强水泥固化砂土养护初期，纤维与砂土颗粒间主要通过砂土颗粒的挤压和包裹结合在一起。随着水泥水化的进行，水泥水化产物不断生长，填充砂土颗粒间的空隙以及纤维与砂土颗粒间的空隙，将纤维与砂土颗粒黏结在一起。此外，砂土颗粒的主要成分为二氧化硅，遇水后形成硅酸胶体微粒，其表面带有的钠离子(Na^+)和钾离子(K^+)能和水泥水化生成的氢氧化钙中的钙离子(Ca^{2+})进行等当量吸附交换，使大量的砂土颗粒形成较大的团粒[57]，团粒化的结果使得纤维与砂土颗粒之间的结合更加密实[58]。玄武岩纤维、砂土、水泥水化产物结合并稳定后，共同承担外部荷载。

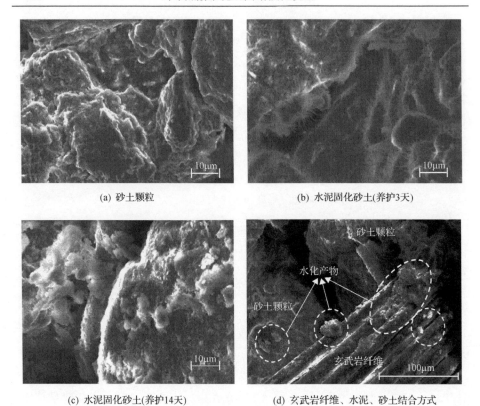

(a) 砂土颗粒　　　　　　　　　　　(b) 水泥固化砂土(养护3天)

(c) 水泥固化砂土(养护14天)　　　　(d) 玄武岩纤维、水泥、砂土结合方式

图 4.12　水泥固化砂土中水泥水化过程及玄武岩纤维、砂土、水泥结合方式

第5章　纤维加筋水泥土固结强化机理研究

5.1　纤维组分影响的加筋水泥土强化规律

5.1.1　纤维组分影响的力学强度变化规律

通过对五种不同组分的废弃纤维改良水泥砂土进行微观电镜观察、X 射线衍射光谱分析、室内单轴、三轴压缩等试验，对其微观相变、破坏形式、残余强度以及应力-应变峰值变化等主要特性对比分析，得到不同纤维组分对水泥固结强化过程中的影响差异与强化规律。

图 5.1 为五种不同组分(棉麻纤维、锦纶纤维、玄武岩纤维、涤纶纤维、丙纶纤维)在水泥含量 3%、相同纤维长度(6mm)时，改良水泥砂土后的无侧限抗压强度变化曲线。通过曲线对比发现，当纤维含量较低时(0.5%)，棉麻纤维与涤纶纤维改良后的水泥砂土的抗压峰值强度均高于 1000kPa，而其他三种(锦纶、玄武岩、丙纶)纤维的抗压峰值强度在 810～850kPa，棉麻纤维出现峰值强度时的轴向应变也大于其余四种。随着纤维含量的不断增加，不同纤维组分改良水泥砂土的无侧限抗压强度也开始出现变化，整体表现为峰值强度增强，曲线峰值后移，曲线峰后软化，从图 5.1 中可以看出，棉麻纤维、

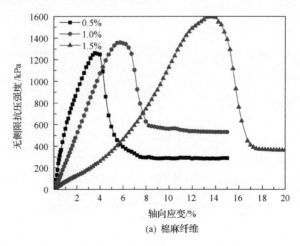

(a) 棉麻纤维

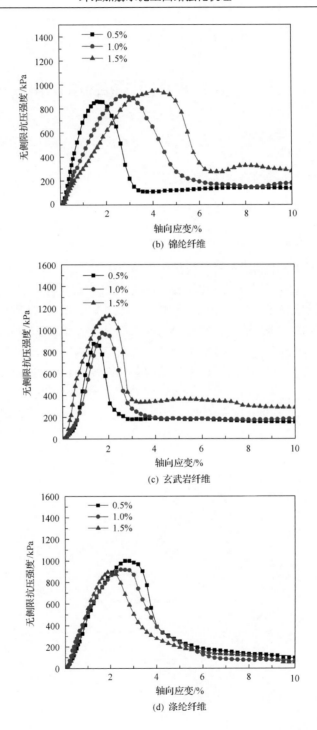

(b) 锦纶纤维

(c) 玄武岩纤维

(d) 涤纶纤维

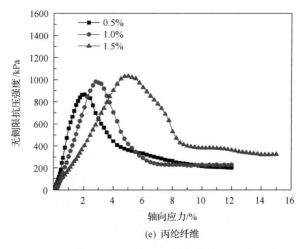

(e) 丙纶纤维

图 5.1　不同组分纤维加筋水泥土无侧限抗压强度变化曲线

锦纶纤维、丙纶纤维受纤维含量变化影响较大,棉麻纤维在纤维含量达到1.5%时有明显的增长情况, 抗压强度峰值达到 1615.6kPa,峰值出现的位置为13.6%。玄武岩纤维与涤纶纤维曲线变化不明显,受纤维含量影响较小[59]。

　　图 5.2 为不同组分纤维三轴压缩试验应力-应变关系曲线,从图 5.2 中可以看出所有的应力-应变关系曲线均具有明显的峰值点,在峰后均发生了一定程度的应变软化,而后, 随着应变增大,应力趋于稳定,达到试样的残余强度。与水泥固化砂土相比,在相同围压条件下,棉麻纤维改良效果显著,峰

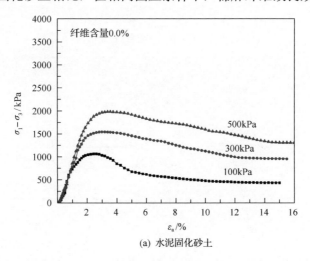

(a) 水泥固化砂土

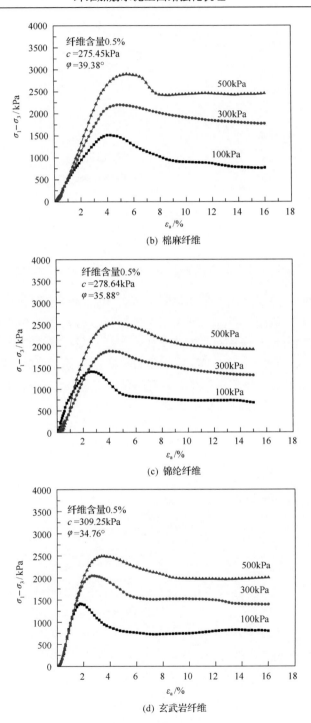

(b) 棉麻纤维

(c) 锦纶纤维

(d) 玄武岩纤维

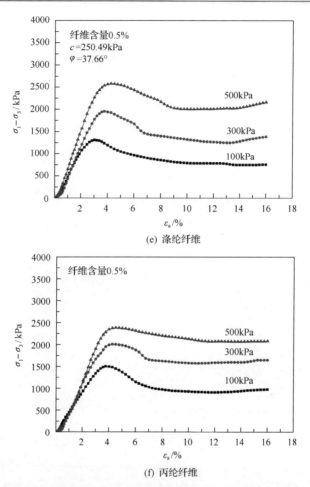

图 5.2　水泥固化砂土与五种纤维改良后的应力-应变关系曲线

值点从 1500kPa 提高到 3000kPa（围压 500kPa），且峰值出现位置的应变也明显大，残余强度从 1487.2kPa 增强到 2514.4kPa。不同组分纤维强度和残余强度都有明显提高，峰值应变也有一定程度的增大，残余应变和峰后应力损失均减小，应变软化程度降低。随着纤维含量的增加，峰值应力也有所提高。

5.1.2　纤维组分转化规律

图 5.3 为水泥固化砂土及添加五种不同纤维发生物相改良后的加筋水泥土的 X 射线衍射光谱。由图 5.3 和表 5.1 得知，水泥砂土中本身物相中主要成分为石英砂，所占含量为 79.47%，其中钠长石 17.27%、方解石 3.02%、钙矾石

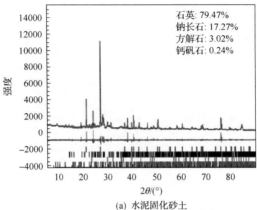

(a) 水泥固化砂土

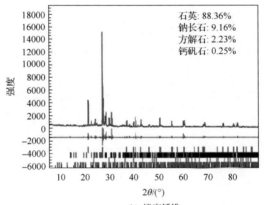

(b) 棉麻纤维

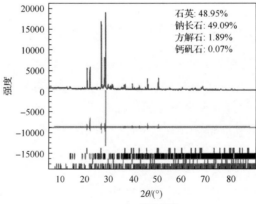

(c) 锦纶纤维

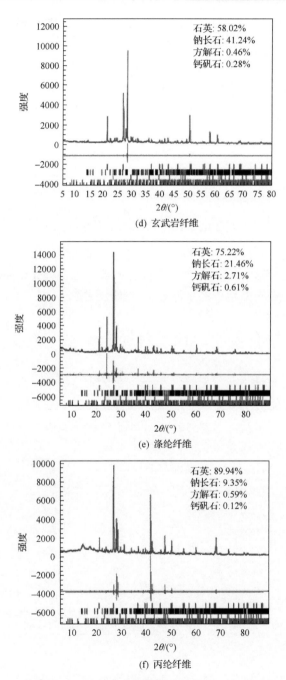

图 5.3　水泥固化砂土及添加不同纤维加筋水泥土 X 射线衍射光谱

表 5.1　不同组分纤维水泥砂土固化后物相组成及含量

材料类型	纤维含量/%	物相组成及含量/%			
		石英 SiO$_2$	钠长石 NaAlSi$_3$O$_8$	方解石 CaCO$_3$	钙矾石 3CaO·Al$_2$O$_3$·3CaSO$_4$·32H$_2$O
水泥固化砂土	0.0	79.47	17.27	3.02	0.24
麻纤维	1.0	88.36	9.16	2.23	0.25
锦纶纤维	1.0	48.95	49.09	1.89	0.07
玄武岩纤维	1.0	58.02	41.24	0.46	0.28
涤纶纤维	1.0	75.22	21.46	2.71	0.61
丙纶纤维	1.0	89.94	9.35	0.59	0.12

0.24%。加入不同组分的纤维，物质转化过程有很大的差别。加入棉麻纤维会引起石英含量的增长，石英自身具有很好的抗压强度（150～300MPa），石英含量的增长，能够有效地提高水泥砂土的抗压强度。

5.2　纤维含量和细长比对加筋水泥土强度的影响

5.2.1　纤维含量和细长比对加筋水泥土强度的影响

图 5.4 为涤纶纤维含量、纤维长度影响下水泥固化砂土的全应力-应变关系曲线。由图 5.4 可知，改良前后水泥固化砂土的应力-应变曲线均包括四个主要阶段，分别是压密阶段、线弹性变形阶段、应力快速跌落阶段、残余强

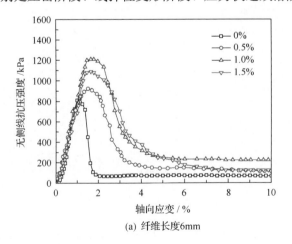

(a) 纤维长度6mm

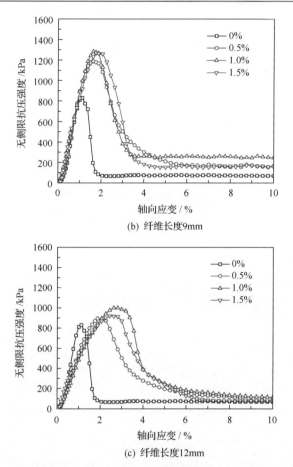

(b) 纤维长度9mm

(c) 纤维长度12mm

图 5.4　涤纶纤维含量、纤维长度影响下水泥固化砂土的全应力-应变关系曲线

度阶段。加入涤纶纤维后，水泥固化砂土的峰值强度和峰值应变明显增大，峰后应力跌落速率明显降低，残余强度和残余应变显著提高。废旧涤纶纤维可明显改善水泥固化砂土的力学特性，纤维含量和纤维尺寸对改良效果影响显著。

　　图 5.5 给出涤纶纤维含量影响下无侧限抗压强度和峰值应变变化规律。由图 5.5 可知，当水泥含量、压实度、含水率、养护时间和纤维长度一定时，随着纤维含量增加，无侧限抗压强度先增加后减小。当纤维含量为 1.0%时，三种纤维长度条件下的无侧限抗压强度均达到最大值，分别是 1190.12kPa、1282.91kPa 和 999.45kPa，相比于水泥固化砂土的无侧限抗压强度 830.30kPa，无侧限抗压强度增长幅度分别为 43.3%、54.5%和 20.4%。采用已有研究中判

断最优纤维含量的方法[60~63]，可判定本节中涤纶纤维的最优含量为1.0%。由图5.5还可以看出，当纤维长度为6mm和12mm时，随着纤维含量增加，涤纶纤维改良水泥固化砂土的峰值应变先增加后减小，在纤维含量为1.0%时，峰值应变分别达到最大值2.0625%和2.8125%，相较于水泥固化砂土峰值应变1.375%，增长幅度分别为50%和104.5%。当纤维长度为9mm时，随着纤维含量增高，峰值应变无明显变化[64]。上述现象的原因在于，当纤维含量较小时，适当的增加纤维含量可以提高水泥固化砂土中纤维的分布量，增大纤维与水泥固化砂土间的黏结力和摩擦力[65]，表现为无侧限抗压强度增大。但当纤维含量超过最优含量时，纤维与纤维之间的间距减小，甚至互相接触，不仅影响纤维与水泥固化砂土的接触，还在纤维与纤维接触的界面形成"弱结合面"，导致纤维和水泥固化砂土间的黏结力和摩擦力降低，表现为无侧限抗压强度减小。

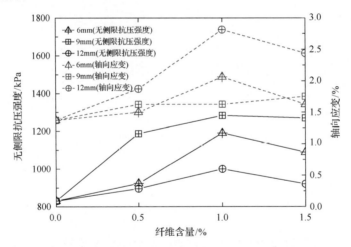

图 5.5　涤纶纤维含量影响下无侧限抗压强度和峰值应变变化规律

涤纶纤维长度影响下无侧限抗压强度和峰值应变变化规律见图 5.6。由图 5.6 可知，涤纶纤维的最优含量为 1.0%。因此，本章节重点分析纤维含量 1.0%时，纤维长度对涤纶纤维改良水泥固化砂土的无侧限抗压强度和峰值应变的影响。由图 5.6 可知，纤维含量为 1.0%时，随着纤维长度增加，无侧限抗压强度先增加后减小。当纤维长度为 9mm 时，无侧限抗压强度达到最大值，当纤维长度为 12mm 时，峰值应变达到最大值 2.8125%。采用已有研究中判断纤维最优长度的方法[66~68]，得到本节中涤纶纤维的最优长度为 9mm。上述现象的原因如下：当纤维较短时，纤维与水泥固化砂土之间的黏结力较小，在荷载的作用下，纤维在水泥固化砂土内部容易发生相对滑动，适当增加纤维的长度可以增大纤维与土体之间的黏结力，从而增强纤维的改良效果。但当纤维的长度过长时，纤维在水泥固化砂土内容易发生折叠和缠绕，纤维折叠会使纤维的"有效受力长度"变短[69]，纤维缠绕会使纤维与水泥固化砂土之间的接触面积变小[70]，这两者会导致纤维与水泥固化砂土之间的黏结力减小，导致无侧限抗压强度降低。

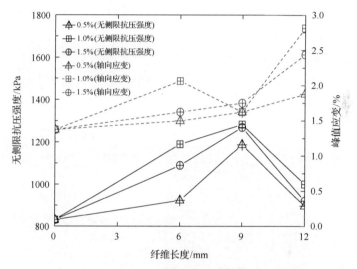

图 5.6　涤纶纤维长度影响下无侧限抗压强度和峰值应变变化规律

5.2.2　纤维含量和细长比对加筋水泥土变形的影响

以涤纶纤维为例分析纤维含量和细长比对加筋水泥土变形特性的影响。引入史贵才[71]和王绳祖[72,73]提出的脆性材料的脆-延转化评价方法，使用试验后试样的破坏形貌对水泥固化砂土的脆-延转化进行定性分析。水泥固化砂土和涤纶纤维加筋水泥固化砂土试验后的宏观破坏形貌分别如图 5.7 所示。由图 5.7(a)可知，水泥固化砂土试样破坏后，表面产生纵向贯通、相互独立的裂隙，具有明显的脆性破坏特征。由图 5.7(b)可以看出，涤纶纤维加筋水泥固化砂土破坏后，表面出现单斜或稀疏的共轭破裂裂纹或稠密的网状共轭裂纹，具有明显的半延性、延性破坏特征。特别地，在最优纤维含量 1.0%、最优纤维长度 9mm 条件下，试样破坏后表面共轭裂纹数量最多，延性破坏特征最明显，在非最优纤维含量、非最优纤维长度条件下，半延性破坏特征明显。需要指出的是，采用上述方法评价涤纶纤维加筋水泥固化砂土的脆-延转化时，若外界扰动改变了试样的真实破坏形貌，上述方法不再适用。

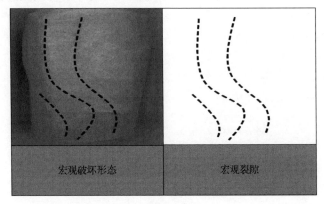

(a) 水泥固化砂土

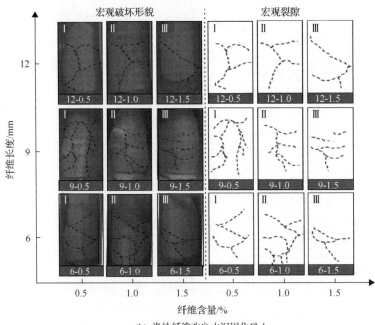

(b) 涤纶纤维改良水泥固化砂土

图 5.7 改良前、后涤纶纤维水泥固化砂土宏观破坏形貌

纤维含量、纤维长度影响下水泥固化砂土的脆性指标及脆性指标的变化规律分别如图 5.8 所示。由图 5.8(a) 和图 5.8(b) 可知，纤维掺入后，水泥固化砂土的脆性指标明显降低。当纤维长度一定时，随着纤维含量增加，脆性指

标总体上先降低后增加，当纤维含量为 0.5%时，脆性指标达到最小值。当纤维含量一定时，随着纤维长度增加，总体上先减小后增大，当纤维长度为 9mm时，脆性指标达到最小值。说明在最优纤维含量 1.0%，最优纤维长度 9mm条件下，涤纶纤维对水泥固化砂土脆-延转化的影响程度最大。综合 3.4.1 节可知，脆-延转化定量评价结果与定性评价结果一致，说明使用脆性指标 I_B 可以定量评价纤维含量和纤维尺寸对水泥固化砂土脆-延转化的影响程度。此外，由于计算脆性指标 I_B 时使用试样无侧限抗压强度和残余强度，上述两参量数

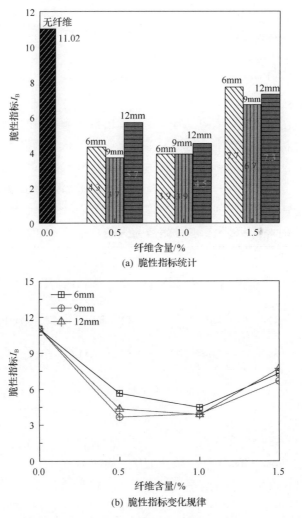

(a) 脆性指标统计

(b) 脆性指标变化规律

图 5.8　涤纶纤维水泥固化砂土脆性指标统计及脆性指标变化规律

值不受试验后扰动的影响，因此，解决了定性评价在外界扰动大的条件下失效的问题。

5.3　纤维加筋水泥土强化作用机理

5.3.1　纤维加筋水泥固化砂土固结机制

水泥的主要成分包括硅酸二钙($2CaO \cdot SiO_2$)、硅酸三钙($3CaO \cdot SiO_2$)、铝酸三钙($3CaO \cdot Al_2O_3$)和铁铝酸四钙($4CaO \cdot Al_2O_3 \cdot Fe_2O_3$)[74,75]。水泥与砂土孔隙水之间发生一系列反应生成各种水化产物填充孔隙胶结小颗粒进而可以改善砂土的强度。水泥水化反应的生成物主要是水化硅酸钙(CSH)、水化铝酸钙(CAH)、水化铁酸钙(CAF)和钙矾石($3CaO \cdot Al_2O_3 \cdot 3CaSO_4 \cdot 32H_2O$)等化合物[76,77]。当众多的水化物在生成之后，一部分会持续硬化最终形成水泥石骨架，有的则会与周围环境中具有一定活性的砂土颗粒发生反应，反应所生成的氢氧化钙能够溶于水中，这样就重新暴露出了水泥颗粒表面，然后会与水发生相应反应，这样水溶液会逐渐达到一种饱和状态，当溶液达到饱和之后，颗粒内部会继续有水分子不断的渗入，但是此时新生成物不能够再继续地溶解，只能够以胶体形式析出，悬浮在溶液之中[78]。这些胶凝性水化产物的胶结作用能够使小的砂土颗粒团聚成为大的、强度高的砂土-水泥团粒，这是水泥固化提高砂土强度的主要原因。其反应式主要如下：

$$2\,(3CaO \cdot SiO_2) + 6H_2O \longrightarrow 3CaO \cdot SiO_2 \cdot 3H_2O + 3Ca\,(OH)_2 \qquad (5.1)$$

$$2\,(2CaO \cdot SiO_2) + 4H_2O \longrightarrow 3CaO \cdot SiO_2 \cdot 3H_2O + Ca\,(OH)_2 \qquad (5.2)$$

$$3CaO \cdot Al_2O_3 + 6H_2O \longrightarrow 3CaO \cdot Al_2O_3 \cdot 6H_2O \qquad (5.3)$$

$$4CaO \cdot Al_2O_3 \cdot Fe_2O_3 + 7H_2O \longrightarrow 3CaO \cdot Al_2O_3 \cdot 6H_2O + CaO \cdot Fe_2O_3 \cdot H_2O$$
$$(5.4)$$

砂土中的二氧化硅在遇水之后，会形成胶体微粒，在胶体微粒表面上存在带正电荷的钠离子(Na^+)和钾离子(K^+)能够和水泥水化作用生成的氢氧化钙之中的钙离子(Ca^{2+})进行当量吸附交换，使较小的土颗粒成为较大的土团粒，从而显著提高了砂土的强度。水泥水化作用所生成的凝胶粒子的比表面积比原水泥颗粒约大 1000 倍，因而有着较强烈的吸附活性，能使较大的砂土团粒得到进一步的结合，形成固化砂土的团粒结构，并可以封闭各团粒的孔隙，形成坚固的水泥固化砂土结构[79]。

各种水泥的水化产物生成后，部分会继续硬化成为水泥固化砂土的骨架（基体），有的会与砂土颗粒之间相互作用，其作用的形式可总结为：①离子交换和团粒化作用。在水泥水化后的胶体体系之中，$Ca(OH)_2$ 和 Ca^{2+}、OH^- 共存。结果是使得大量砂土颗粒形成较大的团粒，同时，水泥水化生成物 $Ca(OH)_2$ 具有强烈的吸附活性，而使这些较大的土团粒进一步结合起来，形成较为稳定的结构形[80]。②硬凝反应（火山灰反应）。在碱性的环境中可以与砂土矿物 SiO_2 和 Al_2O_3 发生化学反应，生成不溶于水的结晶矿物水化硅酸钙（CSH）、水化铝酸钙（CAH）等[81~83]。游离状态的 $Ca(OH)_2$ 不断地与 CO_2 生成不溶于水的 $CaCO_3$，这种反应也会增加固化砂土的强度[84,85]，强度主要来自于水泥水化产物的骨架作用与 $Ca(OH)_2$ 的物理化学作用共同作用的结果，后者可以使砂土微粒和微团粒形成稳定的团粒结构[86]，而水泥水化产物则把会这些团粒包覆并连接成为坚固的整体。

5.3.2　纤维加筋水泥固化砂土界面作用

纤维在水泥固化砂土中的分布形态如图 5.9 所示。Tang 等[87]提出纤维与土壤基质之间的界面作用主要有两种形式：黏结和摩擦。本节中界面间的黏结主要来源于水泥水化产物的黏结作用及纤维表面水泥晶体与砂土内部水泥晶体的联结作用，界面间的摩擦主要来源于水泥稳定砂土基质、砂土基质与纤维间的互锁作用以及砂土颗粒与纤维间的挤压、握裹作用。由于界面黏结和界面摩擦共同阻止试样发生变形和破坏，纤维自身也能承担外力，因此，废弃涤纶纤维织物块体增强水泥稳定砂土的剪切性能优于水泥稳定砂土，表现为强度和残余强度高，峰值应变大，峰后应力损失小。当试样在外力作用下出现剪切错动面或张拉裂隙时，纤维块体的"桥梁"作用可以有效地阻止张拉裂缝的进一步发展和水泥固化砂土的变形，使得纤维增强水泥稳定砂土表现出一定的延性，表现为试样破坏时应变增大，脆性指数降低。已有研究指出[88~90]，纤维的滑动阻力与纤维的粗糙度紧密相关，本研究中组成废弃纺织纤维的单丝之间存在起伏，增大了粗糙度，增强了界面作用，提高块体抗滑阻力，有利于纤维发挥改良作用。

(a) 锦纶纤维

(b) 棉麻纤维

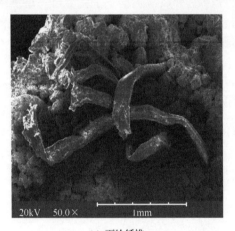
(c) 丙纶纤维

图 5.9　纤维在水泥固化砂土中的分布形态

5.3.3　纤维含量和细长比对强度和变形的影响机理

图 5.10 显示了纤维加筋水泥土的整体剪切破坏形貌及剪切破坏面上纤维的分布情况。由图 5.10(a)、5.10(c) 可知，纤维随机分布在水泥固化砂土中，纤维长度一定时，增大纤维含量，纤维与水泥固化砂土基体间的接触面积增大，界面作用增强，但纤维含量过高时，块体之间发生堆叠[图 5.10(c)]，由于纤维间的黏结和摩擦小于纤维与水泥固化砂土之间的黏结和摩擦，导致界面作用降低，试样沿潜在滑移面发生破坏[图 5.10(b)]，因此，出现了纤维含量增加，无侧限抗压强度、黏聚力先增大后减小的试验结果。另外，纤维含

量增加，发挥"桥梁"作用的纤维数目增多，表现为试样的脆性指数减小，延性破坏特征明显。

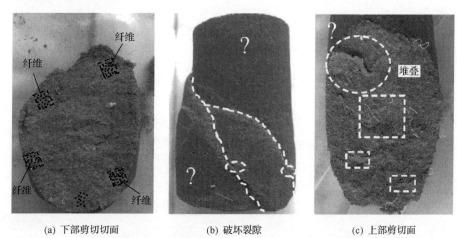

（a）下部剪切切面　　　　（b）破坏裂隙　　　　（c）上部剪切面

图 5.10　纤维加筋水泥土破坏面形态及破坏面上纤维分布

第6章 结论与展望

6.1 主要研究结论

利用植物纤维(棉麻纤维)、废弃纺织纤维(涤纶纤维、氨纶纤维)、化学纤维(丙纶纤维、短切玄武岩纤维)、对水泥固化砂土进行改良。研究了纤维含量、细长比对改良水泥固化砂土变形和强度特性的影响,明确了各类纤维最优含量和最优细长比,获取了改良水泥固化砂土胶凝相变规律,得到了改良固化砂土中纤维-水泥固化砂土基体界面微观形貌,揭示了纤维改良机理。得到以下主要结论。

(1)纤维可明显提高水泥固化砂土的无侧限抗压强度、抗剪强度、残余强度,增大峰值应变和残余应变。纤维改良水泥固化砂土无侧限抗压强度、抗剪强度分别达到最大值时对应的纤维含量、长细比相同,将该条件下的纤维含量和长细比定义为最优纤维含量和最优长细比。

(2)水泥固化砂土改良后,脆性指数减小,其破坏模式由改良前的脆性破坏向半延性、延性破坏转变。宏观破坏形貌由脆性破坏时纵向贯通相互独立的裂隙向半延性破坏时单斜或稀疏的共轭破裂裂纹、延性破坏时稠密的网状共轭裂纹转变。在最优纤维含量、最优纤维长度条件下,涤纶纤维改良固化砂土的延性破坏特征明显;在非最优纤维含量、非最优纤维长度条件下,具有半延性破坏特征。

(3)水泥固化砂土基体中水泥水化不断进行,水化产物之间相互搭接、黏结,填充砂土颗粒间的孔隙,将纤维与砂土颗粒黏结在一起。砂土颗粒遇水后形成硅酸胶体微粒,和水泥水化产物进行等当量吸附交换,使大量的砂土颗粒形成较大的团粒,团粒化能促进纤维与砂土颗粒间的固化,最终使得纤维与水泥固化砂土基体成为整体。

(4)纤维与水泥固化砂土基体间的界面作用使得纤维能够提高水泥固化砂土强度。纤维与水泥固化砂土基体间的界面作用主要有两种形式:黏结和摩擦。其中,界面间的黏结主要来源于水泥水化产物的黏结作用及织物块体表面水泥晶体与砂土内部水泥晶体的联结作用,界面间的摩擦主要来源于水泥稳定砂土基质、砂土基质与织物块体间的互锁作用以及砂土颗粒与织物块体间的挤压、握裹作用。

(5)纤维含量和细长比对界面作用影响显著。适当增加纤维含量，增大纤维的长细比，增大与水泥固化砂土基体接触面积，界面作用增强，纤维改良效果增强。但纤维含量过高，纤维之间发生堆叠，界面作用降低。主要表现为纤维含量增大，无侧限抗压强度、抗剪强度先增大后减小。

(6)纤维的联结作用使得纤维能够改变水泥固化砂土的变形特性，使得水泥固化砂土由脆性向延性转化。纤维含量对联结作用影响显著，纤维含量越大，发挥联结作用的纤维数量越多，纤维改良水泥固化砂土破坏时变形越大，脆性指数越低。

(7)剪切滑移面上的界面作用失效模式主要包括纤维的滑移和端部拔出为主。剪切滑移面上的纤维分布对对界面作用失效模式影响显著。当纤维与剪切滑移面的夹角较小时，纤维主要承担拉力和压力，界面作用失效模式以纤维滑移为主，当纤维与剪切滑移面的夹角较大时，界面失效模式以端部拔出为主。

6.2　展　　望

使用纤维对水泥固化砂土进行改良，研究了纤维含量和长细比对水泥固化砂土强独特性和变形特性的影响，明确了纤维与水泥固化砂土基体间的固化方式，初步揭示了纤维改良机理。但尚存以下问题，需在未来做进一步研究。

(1)建立纤维改良水泥固化砂土的本构关系。材料的本构关系在材料合理应用、充分发挥材料性能等方面具有重要作用。由于缺少行之有效的纤维改良水泥固化砂土本构关系，实际工程经常出现纤维类型、纤维含量、长细比选择不当的问题，导致工程稳定性和安全性无法满足要求。

(2)纤维改良水泥固化砂土的动力特性。材料在静力荷载和动力荷载作用下的特性千差万别。实际工程中，水泥改良固化砂土多处于动力荷载作用下，但当前有关纤维改良水泥固化砂土的动力特性研究极度匮乏，因此，研究动力荷载作用下纤维改良水泥固化砂土的动力特性变得尤为重要，在完善理论体系、指导实际工程等方面具有重要作用。

(3) 复杂环境条件下纤维改良水泥固化砂土力学性能衰减机理。纤维改良水泥固化砂土常处于热、水、力、化学、微生物等耦合作用下，作为工程材料，其力学性能必然发生弱化，但目前复杂条件下纤维改良水泥固化砂土力学性能衰减规律不明，影响衰减的关键因素缺失。不考虑纤维改良水泥固化砂土的弱化，过高或过低估计材料发挥作用的时间，会给工程带来安全隐患或造成巨大的材料浪费。

参 考 文 献

[1] Vidal H. The development and future of reinforced earth. Proceeding of a symposium on earth reinforcement, ASCE Annual Convention, America, 1978: 1-61.

[2] Gray D H, Ohashi H. Mechanics of fiber reinforcement in sand. Journal of Geotechnical Engineering, 1983, 109(3): 335-353.

[3] Temel Y, Omer S. A study on shear strength of sands reinforced with randomly distributed discrete fibers. Geotextiles and Geomembranes, 2003, 21(2): 103-110.

[4] Park T, Tan S A. Enhanced performance of Reinforced soil walls by the inclusion of short fiber. Geotextiles and Geomembranes, 2005,23(4): 348-361.

[5] Lovisa J, Shukla S K, Sivakugan N. Shear strength of randomly distributed moist fibre-reinforced sand. Geosynthetics International, 2010, 17(2): 100-106.

[6] Yetimoglu T, Salbas O. A study on shear strength of sands reinforced with randomly distributed discrete fibers. Geotextiles and Geomembranes, 2003, 21(2): 103-110.

[7] Diambra A, Ibraim E, Wood D M, et al. Fiber reinforced sands: Experiments an modeling. Geotextiles and Geomembranes, 2010, 28: 238-250.

[8] Gao Z W, Zhao J D. Evaluation on failure of fiber-reinforced sand. Journal of Geotechnical and Geoenvironmental Engineering, 2013, 139(1): 95-106.

[9] Mcgown A, Andrawes K Z, Hasani M M. Effect of inclusion properties on the behavior of sand. Geotechnique, 1978, 28(3): 327-380.

[10] Areniez M, Choudhury R N. Laboratory investigation of earth walls simultaneously reinforced by strips and random reinforcement. Geotechnical Testing Journal, 1988, 11(4): 241-247.

[11] 王德银, 唐朝生, 李建, 等. 纤维加筋非饱和黏性土的剪切强度特性. 岩土工程学报, 2013, 10(35): 1933-1940.

[12] 介玉新, 李广信, 陈轮. 纤维加筋土和素土边坡的离心模型试验研究. 岩土工程学报, 1998, 4(20): 15-18.

[13] 施利国, 张孟喜, 曹鹏. 聚丙烯纤维加筋灰土的三轴强度特性. 岩土力学, 2011, 9(10): 2721-2728.

[14] 闫宁霞, 宋春香, 杜向琴. 渠道衬砌纤维固化土工程特性的试验研究. 灌溉排水学报, 2006, 25(3): 60-62.

[15] 闫宁霞, 娄宗科. 掺纤维固化土强度变化的研究. 西北农林科技大学学报(自然科学版), 2006, 34(8): 146-148.

[16] 何光春, 周世良. 加筋土技术的应用及进展. 重庆建筑大学学报, 2001, 23(5): 11-15.

[17] 张旭东, 战永亮, 张艳美. 纤维土强度特性的试验研究. 路基工程, 2001, (1): 36-38.

[18] 唐朝生, 施斌, 蔡奕, 等. 聚丙烯纤维加固软土的试验研究. 岩土力学, 2007, 28(9): 1796-1800.

[19] Cai Y, Shi B, Ng C W W, et al. Effect of polypropylene fibre and lime admixture on engineering properties of clayey soil. Engineering Geology, 2006, 87(3-4): 230-240.

[20] Bazant Z P. Size effect in fiber or bar pullout with interface softening slip. Journal of Engineering mechanica, 1994, 120(9): 1945-1962.

[21] 李旭东, 张跃, 张凡伟. 复合材料界面对其断裂过程影响的有限元研究. 科学学报, 2002, 22(3): 283-295.

[22] Bartos P. Analysis of pull-out tests on fibres embedded in brittle matrices. Journal of Materials Science, 1980, 15(12): 3122-3128.

[23] Laws V. Micromechanical aspects of the fibre-cement bond. Composites, 1982, 13(2): 145-151.

[24] Kelly A, Tyson W R . Fiber-strengthened materials. Journal of the Mechanics & Physics of Solids, 1963, 10(5): 199.

[25] Abdulla A A, Kiousis P D. Behavior of cemented sands-I. Testing. International Journal for Numerical and Analytical Methods in Geomechanics, 1997, 21(8): 533-547.

[26] ASTM C 187. Standard test method for amount of water required for normal consistency of hydraulic cement paste. ASTM international, West Conshohocken, PA, USA, 2011.

[27] ASTM C 109. Standard test method for compressive strength of hydraulic cement mortar. ASTM international, West Conshohocken, PA, USA, 2013.

[28] ASTM C 190. Standard test method for tensile strength of hydraulic cement mortars. ASTM international, West Conshohocken, PA, USA, 2012.

[29] Liu H, Deng A, Chu J. Effect of different mixing ratios of polystyrene pre-puff beads and cement on the mechanical behaviour of lightweight fill. Geotextiles and Geomembranes, 2006, 24(6): 331-338.

[30] Saxena S K, Lastrico R M. Static properties of lightly cemented sand. Journal of the Geotechnical Engineering Division, 1978, 104(GT12): 1449-1464.

[31] Park S S. Effect of fiber reinforcement and distribution on unconfined compressive strength of fiber-reinforced cemented sand. Geotextiles and Geomembranes, 2009, 27(2): 162-166.

[32] Crockford W W, Grogan W P, Chill D S. Strength and life of stabilized pavement layers containing fibrillated polypropylene. Transportation Research Record. 1993, (1418): 60-66.

[33] Chen M, Shen S L, Arulrajah A, et al. Laboratory evaluation on the effectiveness of polypropylene fibers on the strength of fiber-reinforced and cement-stabilized Shanghai soft clay. Geotextiles and Geomembranes, 2015, 43(6): 515-523.

[34] Wang X Z, Li C X, Xie H L, et al. Ultimate bearing capacity of short basalt fiber-reinforced concrete (BFRC)-filled steel tube columns under axial compression. Bulletin of The Chinese Ceramic Society, 2018, 37(1): 284-289.

[35] ASTM D 1632. Standard practice for making and curing soil-cement compression and flexure test specimens in the laboratory. ASTM international, West Conshohocken, PA, USA, 2007.

[36] ASTM D 2256. Standard test method for tensile properties of yarns by the single-strand method. ASTM international, West Conshohocken, PA, USA, 1972.

[37] ASTM D 2101. Test method for tensile properties of single man-made textile fiber taken from yarns and tows. ASTM international, West Conshohocken, PA, USA, 1998.

[38] 王齐炫. 纤维加筋膨胀土强度特性影响因素的正交试验研究. 建筑监督检测与造价. 2015, 8(3): 10-13.

[39] Hamidi A, Hooresfand M. Effect of fiber reinforcement on triaxial shear behavior of cement treated sand. Geotextiles and Geomembranes, 2013, 36(2): 1-9.

[40] Hataf N, Rahimi M M. Experimental investigation of bearing capacity of sand reinforced with randomly distributed tire shreds. Constr Build Mater, 2006, 20(10): 910-916.

[41] Cao L T, Ren H L, Zuo J H, et al. Mechanical properties of textile fiber modified clay. Journal of Building Materials, 2014, 17(1): 110-114.

[42] Yin S, Tuladhar R, Collister T, et al. Post-cracking performance of recycled polypropylene fibre in concrete. Construction and Building Materials, 2015, 1(101): 1069-1077.

[43] Robert D J. A Modified mohr-coulomb model to simulate the behavior of pipelines in unsaturated soils. Computers and Geotechnics, 2017, (91): 146-160.

[44] Eve S, Gomina M, Hamel J, et al. Investigation of the setting of polyamide fibre/latex-filled plaster composites. Journal of the European Ceramic Society, 2006, 26(13): 2541-2546.

[45] Wang F, Mao K, Li B. Prediction of residual stress fields from surface stress measurements. International Journal of Mechanical Sciences, 2018, 140: 68-82.

[46] 赵莹莹, 凌贤长, 赵燕茹, 等. 纤维加筋风沙土强度特性试验研究. 建筑科学, 2016, 32(7): 86-92.

[47] Clough G W, Sitar N, Bachus R C, et al. Cemented sands under static loading. Journal of the Geotechnical Engineering Division, 1981, 107(GT6): 799-817.

[48] Consoli N C, Prietto P D M, Ulbrich L A. Influence of fiber and cement addition on behavior of sandy soils. Journal of Geotechnical and Geoenvironmental Engineering, 1998, 124(12): 1211-1214.

[49] Consoli N C, Casagrande M D T, Coop M R. Effect of fiber reinforced on theisotropic compression behavior of a sand. Journal of Geotechnical and Geoenvironmental Engineering, 2005, 131(11): 1434-1436.

[50] Consoli N C, Festugato L, Heineck K S. Strain-hardening behaviour of fibre-reinforced sand in view of filament geometry. Geosynthetics International, 2010, 16(2): 109-115.

[51] Consoli N C, Bassani M A, Festugato L. Effect of fiber-reinforcement on the strength of cemented soils. Geotextiles and Geomembranes, 2010, 28(4): 344-351.

[52] Saman S K, Asskar J C. Triaxial behavior of fiber-reinforced cemented sand. Journal of Adhesion Science and Technology, 2016, 30(6): 579-593.

[53] Menbari S, Ashori A, Rahmani H, et al. Viscoelastic response and interlaminar delamination resistance of epoxy/glass fiber/functionalized graphene oxide multi-scale composites. Polymer Testing, 2016, 54: 186-195.

[54] Kaniraj S R, Havanagi V G. Behavior of cement-stabilized fiber-reinforced fly ash-soil mixtures. Journal of Geotechnical and Geoenvironmental Engineering. 2001, 127(7): 574-584.

[55] Maher M H, Ho Y C. Behavior of fiber-reinforced cemented sand under static and cyclic loads. Geotechnical Testing Journal, 1993, 16(3): 330-338.

[56] Ma X, Zabaras N. A stochastic mixed finite element heterogeneous multiscale method for flow in porous media. Journal of Computational Physics, 2011, 230(12): 4696-4722.

[57] Kamiński M. On semi-analytical probabilistic finite element method for homogenization of the periodic fiber-reinforced composites. International Journal for Numerical Methods in Engineering, 2011, 86(9): 1144-1162.

[58] Ladd R S. Preparing test specimens using under compaction. Geotechnical Testing Journal, ASTM 1978, 1(1): 16-23.

[59] Iorio M, Santarelli M L, González-Gaitano G, et al. Surface modification and characterization of basalt fibers as potential reinforcement of concretes. Applied Surface Science, 2018, 427: 1248-1256.

[60] Zhang X Y, Gu X Y, Lu J X, et al. Experiment and simulation of creep performance of basalt fibre asphalt mortar under uniaxial compressive loadings. Journal of Southeast University, 2016, 32(4): 472-478.

[61] Zhao Y X. Experimental study on performance of basalt fiber reinforced cement mortar. Journal of China & Foreign Highway, 2018, 33(5): 280-284.

[62] Gao L, Hu G H, Yang C, et al. Shear strength characteristics of basalt fiber-reinforced clay. Chinese Journal of Geotechnical Engineering, 2016, 38(Supp1): 231-236.

[63] Gao L, Hu G H, Chen Y H, et al. Triaxial tests clay reinforced by basalt fiber. Chinese Journal of Geotechnical Engineering, 2017, 39(Supp 1): 198-203.

[64] 赵宁雨, 荆林立. 纤维加筋红黏土强度特性影响因素的试验. 重庆理工大学学报(自然科学版), 2010, 24(9): 47-51.

[65] Gao C M, Wu W J. Using ESEM to analyze the microscopic property of basalt fiber reinforced asphalt concrete. International Journal of Pavement Research and Technology, 2018, 11(4): 374-380.

[66] 刘宝生, 唐朝生, 李建, 等. 纤维加筋土工程性质研究进展. 工程地质学报, 2013, 21(4): 540-547.

[67] 张艳美, 张旭东, 张鸿儒. 土工合成纤维土补强机理试验研究及工程应用. 岩土力学, 2005, 26(8): 1323-1326.

[68] Foose G J, Benson C H, Bosscher P J. Sand reinforced with shredded waste tires. Journal of Geotechnical Engineering, 1996, 122(9): 760-767.

[69] Mirzababaei M, Miraftab M, Mohamed M, et al. Unconfined compression strength of reinforced clays with carpet waste fibers. Journal of Geotechnical and Geoenvironment Engineering, 2013, 139(3): 483-493.

[70] Estabragh A R, Namdar P, Jawadi A A. Behavior of cement-stabilized clay reinforced with nylon fiber. Geosynthetics International, 2012, 19 (1): 85-92.

[71] 史贵才. 脆塑性岩石破坏后区力学特性的面向对象有限元与无界元耦合模拟研究. 武汉: 中国科学院武汉岩土力学研究所(博士学位论文), 2005.

[72] 王绳祖. 若干固体材料脆-延性转变及宏观结构试验研究. 地球物理学进展, 1993, 8(4): 70-80.

[73] 王绳祖. 岩石的脆性-延性转变及塑性流动网络. 地球物理学进展, 1993, 8(4): 25-37.

[74] ASTM. Annual Bookof ASTM standards: soils and rock division. We Conshohocken, Philadelphia, 1998.

[75] ASTM C150. Standard specification for portland cement, annual book of ASTM standards. ASTM, Philadelphia, PA, USA, 2007.

[76] ASTM D 1633. Standard test methods for compression strength of molded soil-cement cylinders. ASTM international, West Conshohocken PA, USA, 2007.

[77] Santoni R L, Webster S L. Airfields and roads construction using fibre stabilization of sands. Journal of Transportation Engineering, 2001, 127(2): 96-104.

[78] Santoni R L, Tingle J S, Webster S L. Engineering properties of sand-fibre mixtures for road construction. Journal of Geotechnical and Geoenvironmental Engineering, 2001, 127(3): 258-268.

[79] Wyrzykowski M, Scrivener K, Lura P. Basic creep of cement paste at early age - the role of cement hydration. Cement and Concrete Research, 2019, 116: 191-201.

[80] Rai S, Tiwari S. Nano silica in cement hydration. Materials Today: Proceedings, 2018, 5(3): 9196-9202.

[81] Lu Z, Kong X, Zhang C, et al. Effects of two oppositely charged colloidal polymers on cement hydration. Cement and Concrete Composites, 2018, (96): 66-76.

[82] Lu Z, Kong X, Zhang C, et al. Effect of surface modification of colloidal particles in polymer latexes on cement hydration. Construction and Building Materials, 2017, (155): 1147-1157.

[83] Lu B, Shi C, Zhang J, et al. Effects of carbonated hardened cement paste powder on hydration and microstructure of Portland cement. Construction and Building Materials, 2018, (186): 699-708.

[84] El-Diadamony H, Amer A A, Sokkary T M, et al. Hydration and characteristics of metakaolin pozzolanic cement pastes. HBRC Journal, 2018, 14(2): 150-158.

[85] Zhang L F, Yin Y L, Liu J W, et al. Mechanical properties study on basalt fiber reinforced concrete. Bulletin of The Chinese Ceramic Society, 2014, 33(11): 2834-2837.

[86] Agofack N, Ghabezloo S, Sulem J, et al. Onset of creation of residual strain during the hydration of oil-well cement paste. Cement and Concrete Research, 2018, (116): 27-37.

[87] Tang C, Shi B, Gao W, et al. Strength and mechanical behavior of short polypropylene fiber reinforced and cement stabilized clayey soil. Geotextiles and Geomembranes, 2007, 25(3): 194-202.

[88] Shah S P. Do fibers increase the tensile strength of cement-based matrixes. ACI Materials Journal, 1991, 88(6): 595-602.

[89] Tagnit-Hamou A, Vanhove Y, Petrov N. Microstructural analysis of the bond mechanism between polyolefin fibers and cement pastes. Cement and Concrete Research, 2005, 35(2): 364-370.

[90] Frost J D, Han J. Behavior of interfaces between fiber-reinforced polymers and sands. Journal of Geotechnical and Geoenvironmental Engineering, 1991, 125(8): 633-640.